全国中等职业学校机械类/工程技术类专业通用教材

全国技工院校机械类/工程技术类专业通用教材(中级技能层级)

机 械 基 础

（少学时）（第二版）

人力资源社会保障部教材办公室组织编写

中国劳动社会保障出版社

简　介

本书主要内容包括：机械传动、常用机构、常用连接与零部件、液压传动与气压传动等。

本书由王希波主编，逯伟任副主编，孙喜兵、钱涛、徐淑涛、朱礼鸣、王雪参加编写。

图书在版编目(CIP)数据

机械基础：少学时 / 人力资源社会保障部教材办公室组织编写. -- 2 版. -- 北京：中国劳动社会保障出版社，2019

全国中等职业学校机械类/工程技术类专业通用教材　全国技工院校机械类/工程技术类专业通用教材. 中级技能层级

ISBN 978 - 7 - 5167 - 3983 - 9

Ⅰ. ①机…　Ⅱ. ①人…　Ⅲ. ①机械学-中等专业学校-教材　Ⅳ. ①TH11

中国版本图书馆 CIP 数据核字(2019)第 102322 号

中国劳动社会保障出版社出版发行

（北京市惠新东街 1 号　邮政编码：100029）

*

三河市华骏印务包装有限公司印刷装订　新华书店经销

787 毫米×1092 毫米　16 开本　10 印张　234 千字

2019 年 6 月第 2 版　2021 年 12 月第 4 次印刷

定价：23.00 元

读者服务部电话：（010）64929211/84209101/64921644

营销中心电话：（010）64962347

出版社网址：http://www.class.com.cn

http://jg.class.com.cn

版权专有　侵权必究

如有印装差错，请与本社联系调换：（010）81211666

我社将与版权执法机关配合，大力打击盗印、销售和使用盗版图书活动，敬请广大读者协助举报，经查实将给予举报者奖励。

举报电话：（010）64954652

前　言

为了更好地适应全国技工院校机械类、工程技术类专业的教学要求，全面提升教学质量，人力资源社会保障部教材办公室组织有关学校的一线教师和行业、企业专家，充分调研企业生产和学校教学情况，广泛听取教师对教材使用的反馈意见，在2018年完成全国技工院校机械类专业通用教材修订工作的基础上，又对其少学时版教材进行了修订。本次修订的少学时版教材包括：《机械制图（少学时）（第二版）》《机械基础（少学时）（第二版）》《机械制造工艺基础（少学时）（第二版）》《金属材料与热处理（少学时）（第二版）》《极限配合与技术测量基础（少学时）（第二版）》《电工学（少学时）（第二版）》《工程力学（少学时）（第二版）》等。

本次教材修订工作的重点主要体现在以下几个方面：

第一，更新教材内容，体现时代发展。

根据机械类、工程技术类不同专业对专业基础课教学的需要和教学实际情况的变化，合理确定学生应具备的能力与知识结构，对部分教材内容及其深度、难度做了适当调整；根据相关专业领域的最新发展，在教材中充实新知识、新技术、新设备、新材料等方面的内容，体现教材的先进性；采用最新国家技术标准，使教材更加科学和规范。

第二，提升表现形式，激发学习兴趣。

在教材内容的呈现形式上，较多地利用图片、实物照片和表格等形式将知识点生动地展示出来，尤其是在《机械基础（少学时）（第二版）》等教材插图的制作中全面采用了立体造型技术，力求让学生更直观地理解和掌握所学内容。针对不同的知识点，设计了许多贴近实际的互动栏目，在激发学生学习兴趣和自主学习积极性的同时，使教材“易教易学，易懂易用”。在印刷工艺上采用了双色或四色印刷，增强了教材的表现力。

第三，开发配套资源，提供教学服务。

本套教材配有习题册和方便教师上课使用的多媒体电子课件，可以通过职业教育教学资源和数字学习中心网站（http://zyjy.class.com.cn）下载电子课件等教学资源。另外，在教材中使用了二维码技术，针对教材中的教学重点和难点制作了动画、视频、微课等多媒体资源，学生使用移动终端扫描二维码即可在线观看相应内容。

本次教材的修订工作得到了河北、辽宁、江苏、山东、广东、广西、陕西等省、自治区人力资源社会保障厅及有关学校的大力支持，在此我们表示诚挚的谢意。

人力资源社会保障部教材办公室

2019年6月

目 录

绪　论

一、机械

说起机械，人们并不陌生，可以说，人们的生活几乎每时每刻都离不开机械，从小小的剪刀、钳子、扳手，到计算机控制的机械设备、机器人、无人机等，机械在现代生活和生产中都起着非常重要的作用。机械的种类和品种很多，如汽车、数控机床、挖掘机和3D打印机等，如图0—1所示。机械是机器与机构的总称。

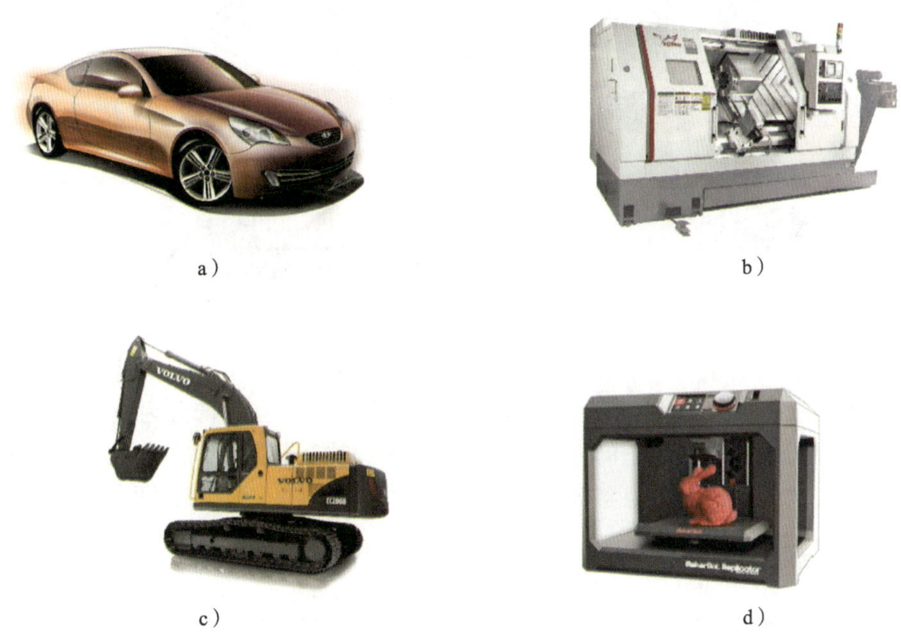

a）　b）　c）　d）

图0—1　机械

a）汽车　b）数控机床　c）挖掘机　d）3D打印机

1. 机器与机构

机器是一种用来变换或传递运动、能量、物料与信息的实物组合，各运动实体之间具有确定的相对运动，可以代替或减轻人们的劳动，完成有用的机械功或将其他形式的能量转换

为机械能。常见机器有变换能量的机器、变换物料的机器和变换信息的机器等，其类型及应用见表0—1。

表0—1　常见机器的类型及应用

类　型	应用举例
变换能量的机器	电动机、内燃机（包括汽油机、柴油机）等
变换物料的机器	机床、起重机、电动缝纫机、运输车辆等
变换信息的机器	打印机、扫描仪等

图0—2所示为台式钻床（简称台钻），它是机械加工中一种常用的生产机器，主要用于孔加工，它由电动机、塔式带轮传动机构、主轴箱、立柱、进给手柄、可调工作台、底座等组成。

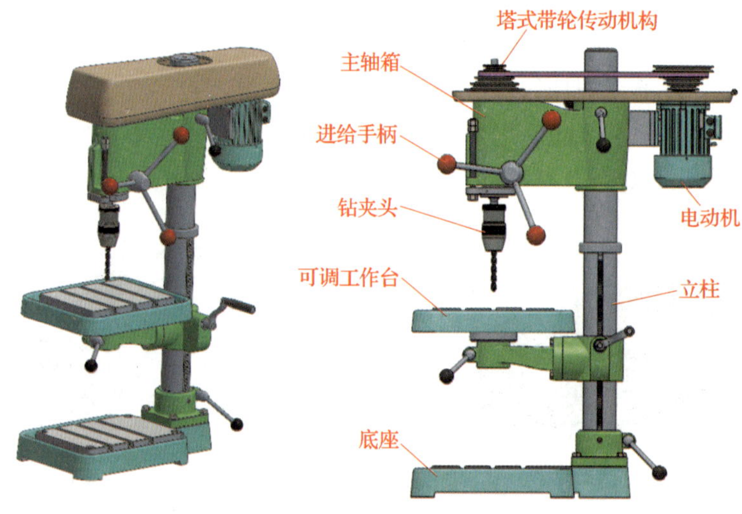

图0—2　台钻

机器尽管多种多样、千差万别，但机器的组成大致相同，一般都由动力部分、传动部分、执行部分和控制部分等组成。在图0—2所示的台钻中，动力部分为电动机，传动部分为塔式带轮传动机构和主轴箱中的齿轮齿条进给机构，执行部分为钻头，控制部分为电源开关和进给手柄。钻头的旋转由电动机带动，钻头的升降通过旋转进给手柄完成。机器各组成部分的作用和应用举例见表0—2。

表0—2　机器各组成部分的作用和应用举例

组成部分	作　用	应用举例
动力部分	把其他形式的能量转换为机械能，以驱动机器各部件运动	电动机、内燃机、蒸汽机和空气压缩机等
传动部分	将原动机的运动和动力传递给执行部分的中间环节	金属切削机床中的带传动、螺旋传动、齿轮传动和连杆机构等

续表

组成部分	作　用	应用举例
执行部分	直接完成机器工作任务的部分，处于整个传动装置的终端，其结构形式取决于机器的用途	金属切削机床的主轴、滑板等
控制部分	显示和反映机器的运行位置和状态，控制机器正常运行和工作	机电一体化产品（例如数控机床、机器人）中的控制装置等

机构是具有确定相对运动的实物组合，是机器的重要组成部分。如图0—2所示台钻中包含了多种机构。如：塔式带轮传动机构使电动机的动力和旋转运动传递给主轴，从而带动钻头旋转；齿轮齿条进给机构实现了钻头的上下运动。

塔式带轮传动机构如图0—3所示，该机构在传递动力和运动时，还可以通过变换V带的位置使钻头产生5种不同的转速。

齿轮齿条进给机构安装在主轴箱内，其结构如图0—4所示，旋转进给手柄，齿轮旋转，带动齿条上下运动，实现钻头的上下运动。

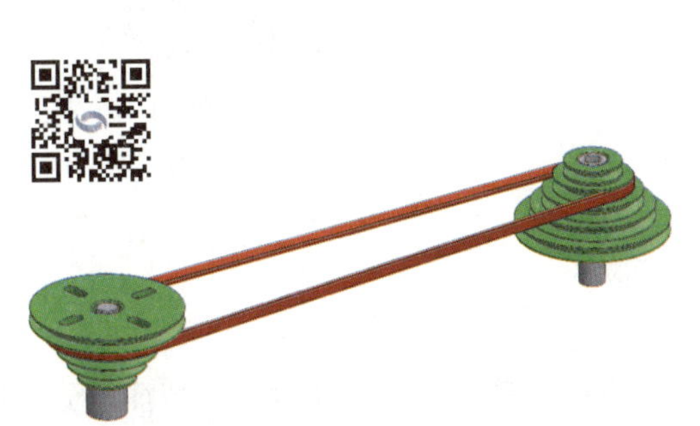

图0—3　塔式带轮传动机构

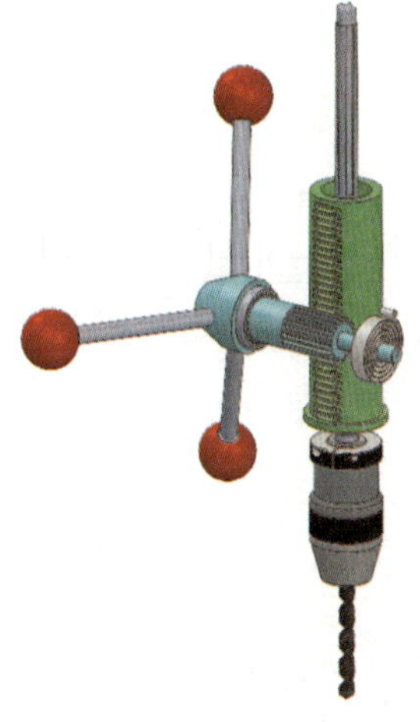

图0—4　齿轮齿条进给机构

2. 零件、部件与构件

机器是由若干个零件装配而成的。零件是机器及各种设备中最小的制造单元，如图0—2中的塔式带轮、立柱等都是零件。

部件是机器的组成部分，是由若干个零件装配而成的。在机械装配过程中，往往将零件先装配成部件，然后才进入总装配。图0—2中的电动机和主轴箱等就是部件。

从运动学的角度出发，机器是由若干个运动单元组成，这些运动单元称为构件。构件可以是一个零件，也可以是几个零件的刚性组合。图0—5所示为用于拆卸轴上轴承、齿轮的拆卸器。在图0—5中，压紧螺杆、抓手是单个零件的构件；而把手、挡圈和沉头螺钉组成一个构件，横梁和销轴组成一个构件。

二、运动副

构件组成机器时，必须将各构件以可以运动的方式连接起来，两构件接触而形成的可动连接称为运动副。如图0—5所示，拆卸器上的抓手与销轴之间、横梁与压紧螺杆之间、压紧螺杆与把手之间的连接等都是运动副。根据两构件之间的接触情况不同，运动副可分为低副和高副两大类。

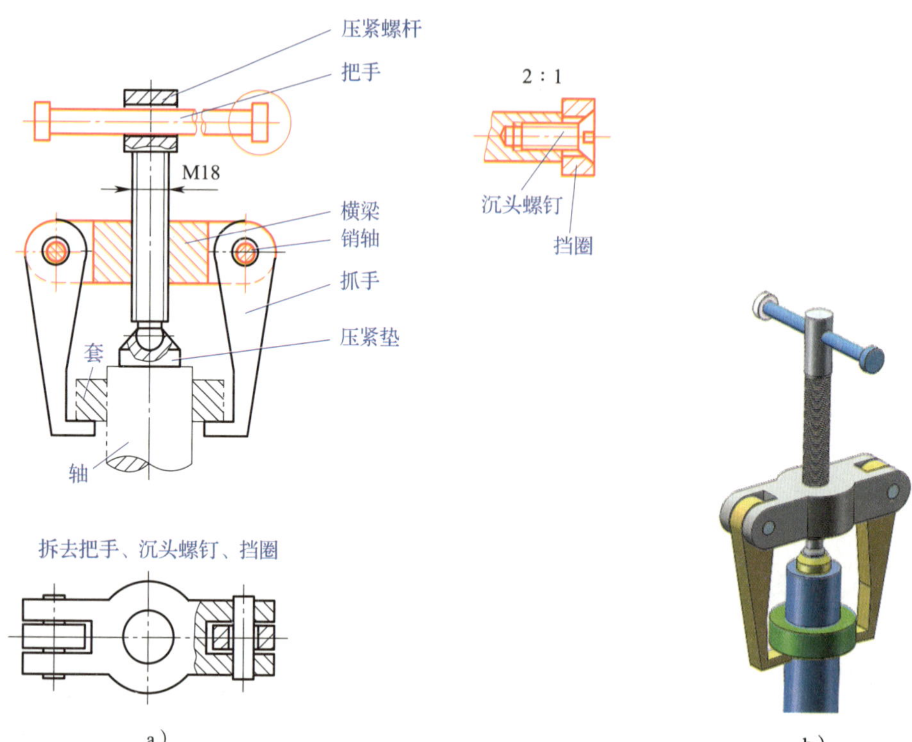

图0—5　拆卸器

a）视图　b）立体图

1. 低副

两构件之间为面接触的运动副称为低副。低副按两构件之间的相对运动特征可分为转动副、移动副和螺旋副，其类型和应用见表0—3。低副的特点是：承受载荷时的单位面积压力较小，故较耐用，传力性能好。但低副是滑动摩擦，摩擦损失大，因而效率低。此外，低副不能传递较复杂的运动。

表0—3　低副及其应用

类型	说　明	应　用	
		名　称	图　例
转动副	两构件之间只允许做相对转动的运动副	木门合页	

续表

类型	说　明	应　用	
		名　称	图　例
移动副	两构件之间只允许做相对移动的运动副	液压缸	
螺旋副	两构件只能沿轴线做相对螺旋运动的运动副	千斤顶	

2. 高副

两构件之间为点或线接触的运动副称为高副。按接触形式不同，高副通常分为滚动轮接触、凸轮接触和齿轮接触，其应用见表0—4。高副的特点是：承受载荷时的单位面积压力较大，两构件接触处容易磨损，制造和维修困难，但高副能传递较复杂的运动。

表0—4　　高副及其应用

类型	应 用 图 例	说　明
滚动轮接触		高铁车轮与导轨之间为滚动轮接触

续表

类型	应用图例	说　明
凸轮接触	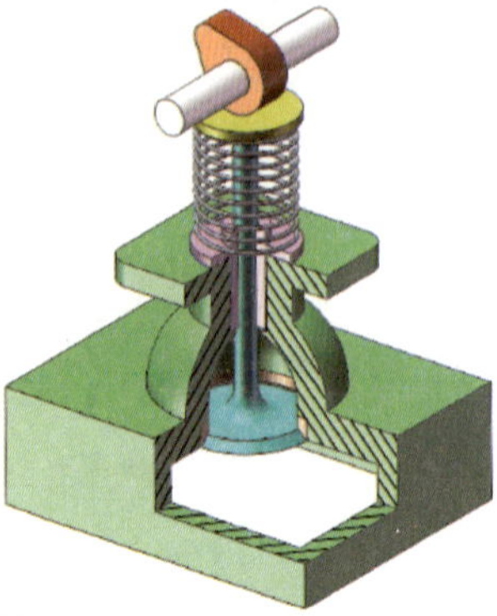	该图为凸轮机构，当凸轮匀速转动时，其外轮廓面迫使阀杆按照预期的运动规律往复运动，适时地开启或关闭阀门
齿轮接触		该图为齿轮减速器，由一对圆柱齿轮和一对锥齿轮组成，动力由小锥齿轮的轴输入，大圆柱齿轮的轴输出

三、机构运动简图

构件的实际形状往往非常复杂，在分析机构运动时，为了使问题简化，可以不考虑那些与运动无关的因素（如构件的外形和断面尺寸、组成构件的零件数目、运动副的具体构造等），仅用简单的线条和符号来代表构件和运动副，并按一定比例表示各运动副的相对位置。图0—6所示为自卸卡车翻斗机构的运动简图。这种能表达机构运动的简化图形称为机构运动简图。

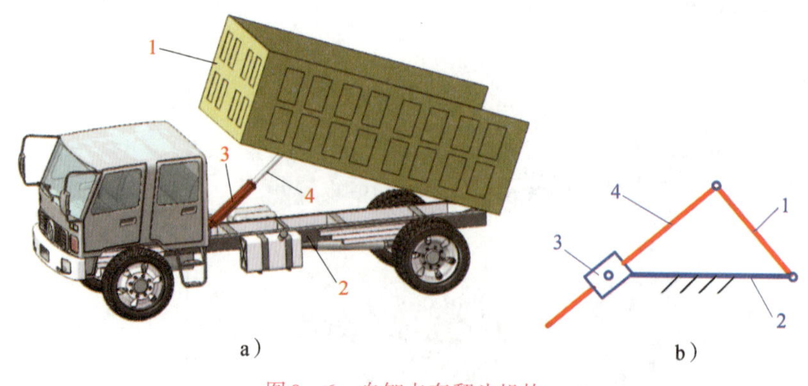

图0—6　自卸卡车翻斗机构

a）自卸卡车　b）翻斗机构的运动简图

1—翻斗　2—车架　3—缸体　4—活塞杆

在图0—6b所示机构运动简图中，小圆圈表示转动副，线段表示构件，带剖面线（45°细实线）的线段表示机架（固定不动的构件）。国家标准规定：图形符号中表示轴、杆符号的图线用两倍粗实线表示。在图0—6b中，翻斗1和活塞杆4（图中红色线）用两倍粗实线表示，车架2和缸体3及小圆圈（图中蓝色线）用粗实线表示，表示固定机架的剖面线（图中黑色线）用细实线绘制。

常见运动副机构运动简图用图形符号见表0—5。

表0—5　　机构运动简图用图形符号举例

名称		结构图	图形符号
转动副	固定铰链	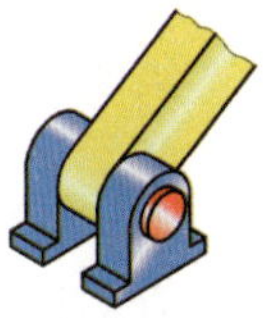	
	活动铰链	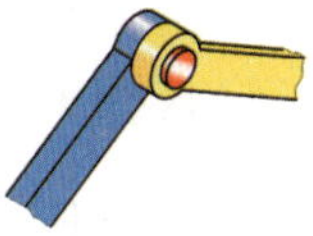	
移动副		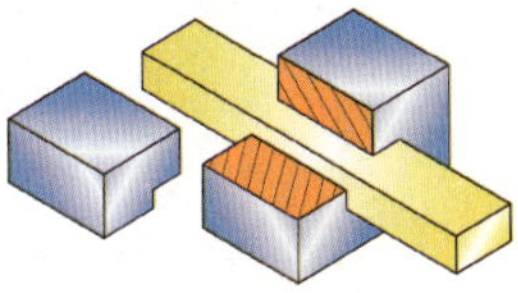	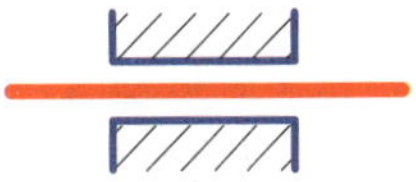
		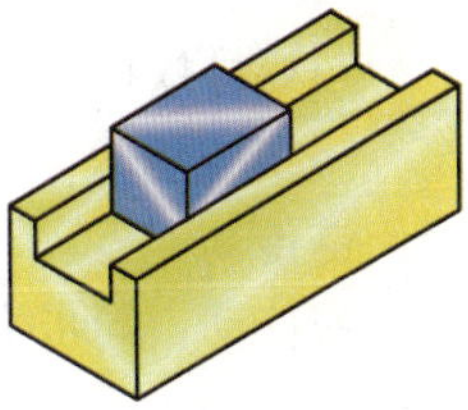	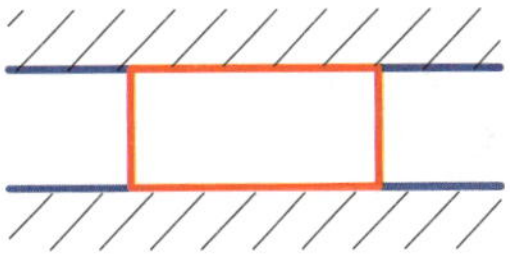
螺旋副		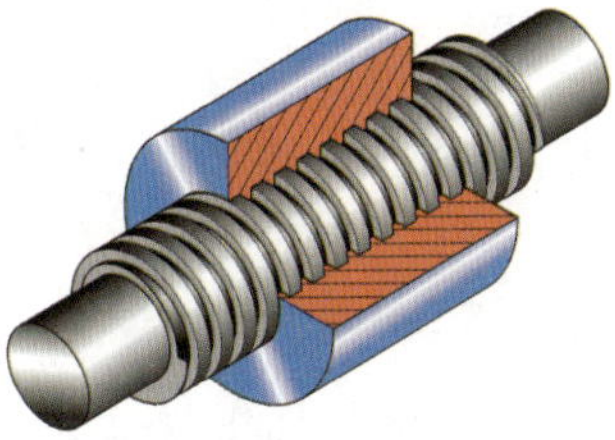	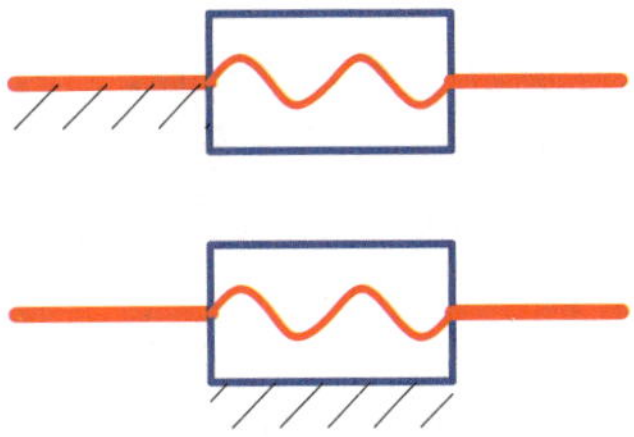

第 1 章 机械传动

用来传递运动和动力的机械装置称为机械传动装置。按传递运动和动力的方法不同，机械传动一般分类如下：

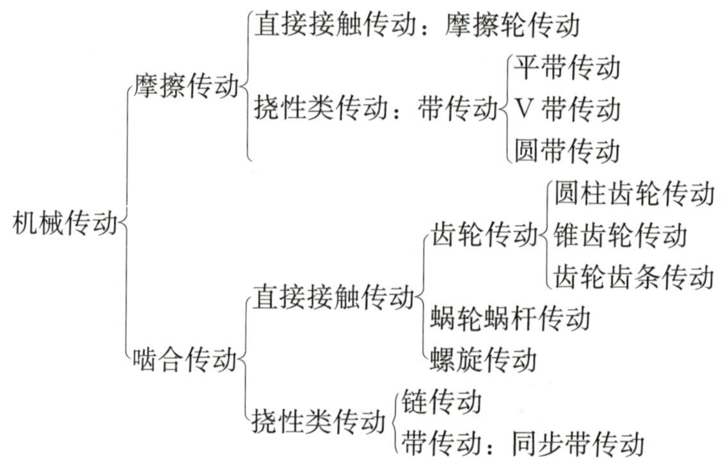

§1—1 带传动

带传动是机械传动中重要的传动形式之一。随着工业技术水平的不断提高，带传动正向着多样化、多领域发展，在汽车、家用电器、办公设备、机械工程中得到了越来越广泛的应用。图 1—1 所示为带传动在台钻中的应用。

一、带传动概述

1. 带传动的组成

带传动一般由固定连接在主动轴上的带轮（主动轮）、从动轴上的带轮（从动轮）和紧套在两轮上的挠性带组成，如图 1—2 所示。

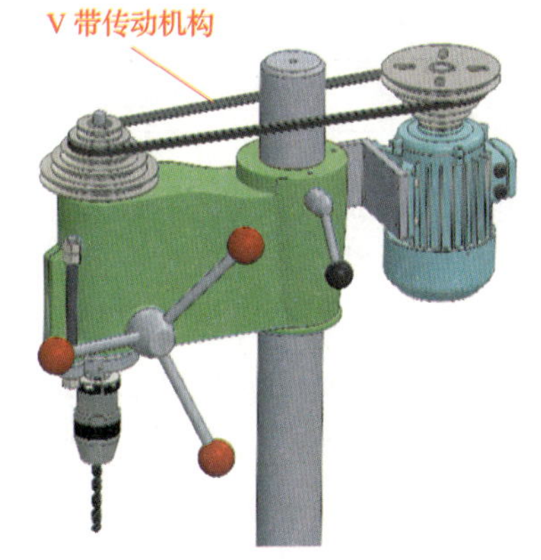

图1—1　带传动在台钻中的应用

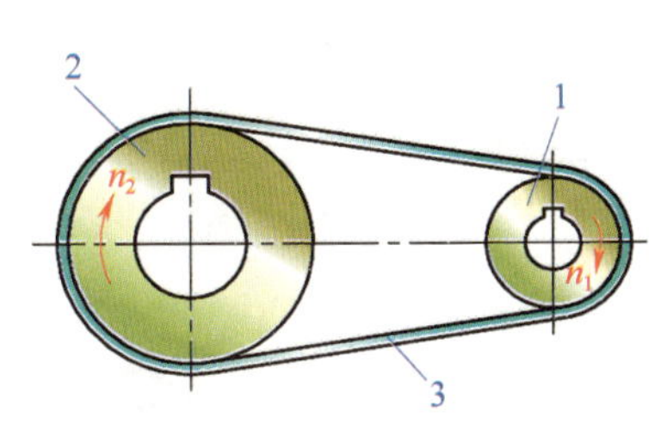

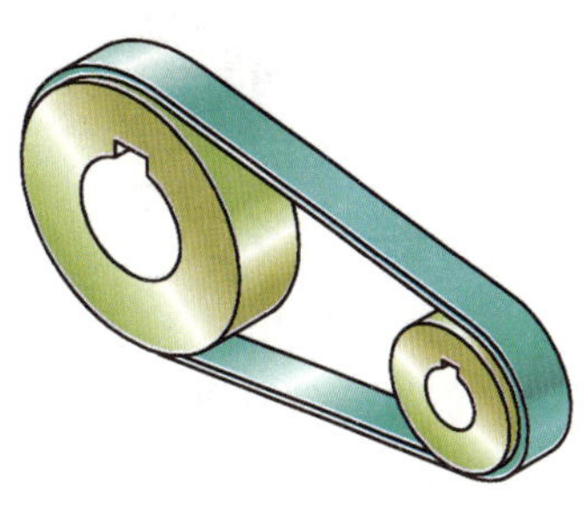

图1—2　带传动的组成

1—带轮（主动轮）　2—带轮（从动轮）　3—挠性带

2. 带传动的工作原理

带传动是依靠带与带轮接触面间的摩擦力（或啮合力）来传递运动和动力的。静止时，两边带上的拉力相等。传动时，由于传递载荷的关系，两边带上的拉力会有一定的差值。拉力大的一边称为紧边，拉力小的一边称为松边。如图1—2所示，当主动轮1按图示方向回转时，上边是紧边，下边是松边。

3. 带传动的传动比 i

机构中瞬时输入角速度与输出角速度的比值称为机构的传动比。带传动的传动比就是主动轮转速 n_1 与从动轮转速 n_2 之比，通常用 i_{12} 表示：

$$i_{12}=\frac{n_1}{n_2}$$

式中，n_1、n_2 分别为主动轮、从动轮的转速（r/min）。

4. 带传动的类型、特点与应用

根据工作原理不同，带传动分为摩擦型带传动和啮合型带传动，其特点与应用见表1—1。

表1—1　常用带传动的类型、特点与应用

类型		图示	特点		应用
摩擦型带传动	平带		结构简单，带轮制造方便；平带质量小且挠曲性好	传动过载时存在打滑现象，传动比不准确	常用于高速、中心距较大、平行轴的交叉传动与相错轴的半交叉传动

续表

类型		图示	特点		应用
摩擦型带传动	V带		承载能力大，使用寿命长	传动过载时存在打滑现象，传动比不准确	一般机械常用V带传动
	圆带		结构简单，制造方便，抗拉强度高，耐磨损，耐腐蚀，易安装，使用寿命长		常用于包装、印刷、纺织等行业的机器中
啮合型带传动	同步带		传动比准确，传动平稳，传动精度高，结构较复杂		常用于数控机床、扫描仪、打印机等传动精度要求较高的场合

二、V带传动

V带传动是由一条或数条V带和V带轮组成的摩擦传动，它靠V带的两侧面与轮槽侧面压紧产生的摩擦力进行动力传递，如图1—3所示。V带传动主要有普通V带传动和窄V带传动两种形式，其中普通V带传动的应用最为广泛。

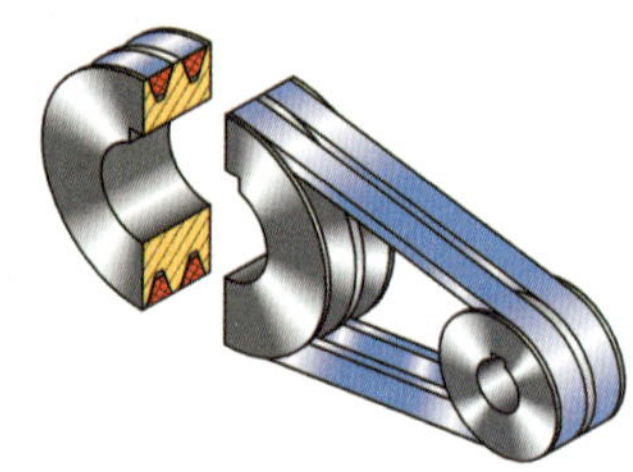

图1—3　V带传动

1. V带

（1）V带的结构

V带是一种无接头的环形带，其横截面为等腰梯形，工作面是与轮槽侧面相接触的两侧面，带与轮槽底面不接触。V带由包布、顶胶、抗拉体和底胶四部分组成，如图1—4所示。V带的抗拉体有帘布芯和绳芯两种结构，帘布芯结构的V带制造方便，抗拉强度高，价格低廉，应用广泛；绳芯结构的V带柔韧性好，适用于转速较高的场合。

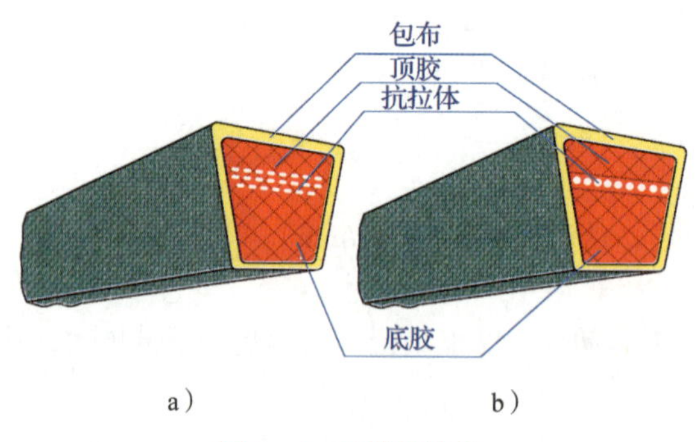

图1—4　V带的结构

a）帘布芯结构　b）绳芯结构

（2）普通V带的横截面尺寸

普通V带是横截面为梯形的环形带，其横截面形状如图1—5所示，其主要参数有顶宽b、节宽b_p、高度h、楔角α等。

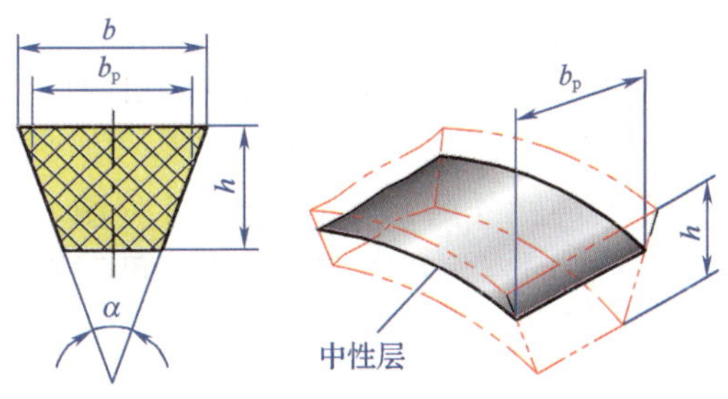

图1—5　普通V带横截面

1）顶宽b。顶宽b是指带横截面中梯形轮廓的最大宽度。

2）节宽b_p。带绕带轮弯曲时，外部受拉伸长，内部受压缩短。其长度和宽度均保持不变的面层称为中性层，中性层的宽度称为节宽b_p。

3）高度h。高度h是指梯形轮廓的高度。

4）楔角α。楔角α是指带的两侧面所夹的锐角，其值为40°。

普通V带已经标准化，按横截面尺寸由小到大分为Y、Z、A、B、C、D、E七种型号。在相同条件下，横截面尺寸越大，则传递的功率越大。

（3）V带的材料

V带的包布层一般采用含氯丁二烯的棉、聚酯纤维织物等材料；顶胶和底胶可采用天然橡胶、丁苯橡胶、氯丁橡胶和丁腈橡胶等材料；抗拉体要求材料具有较小的断裂伸长率和较大的断裂强度，多为聚酯线绳，也有采用芳纶与钢丝等材料的。

2. V带轮

（1）V带轮的结构

V带轮的结构从功能上分为轮缘、轮辐和轮毂三部分，轮槽制作在轮缘上，如图1—6所示。

（2）V带轮的槽角φ

普通V带的楔角α是40°，但安装在V带轮上后，V带弯曲会使其楔角α变小。为了保证V带传动时V带和V带轮槽工作面接触良好，V带轮的槽角φ（图1—7）要比40°小些，一般取32°、34°、36°、38°。小V带轮上V带变形严重，对应的槽角要小些，大V带轮的槽角则可大些。

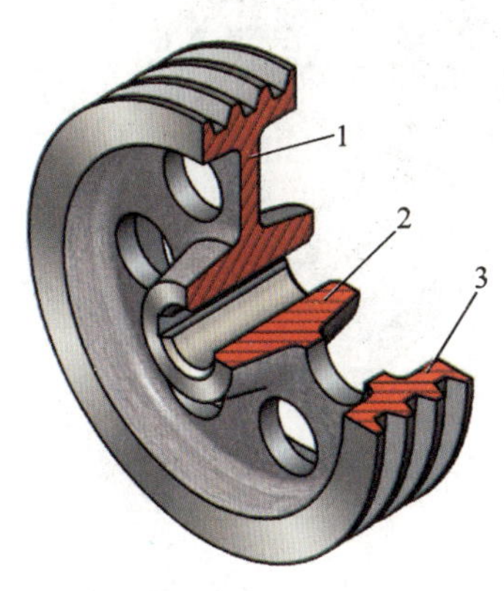

图1—6　V带轮的结构

1—轮辐　2—轮毂　3—轮缘

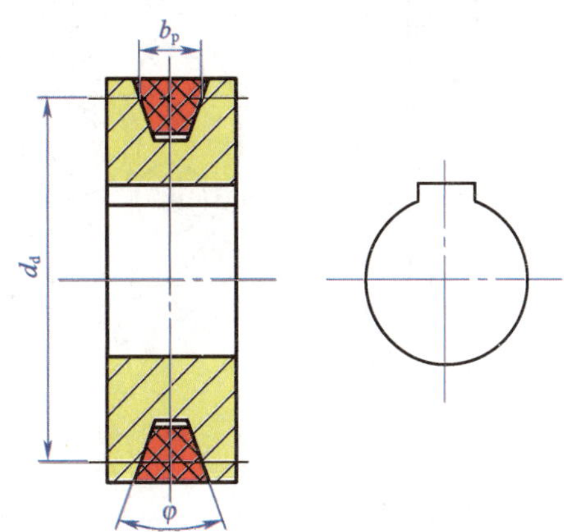

图1—7　V带轮的槽角和基准直径

（3）V带轮的基准直径d_d

V带轮的基准直径d_d是指带轮上与所配V带的节宽b_p相对应处的直径，如图1—7所示。

（4）V带轮的典型结构

V带轮按结构的不同分为实心式（图1—8）、腹板式（图1—9）、孔板式（图1—10）和轮辐式（图1—11）四种。一般而言，基准直径较小时可采用实心式V带轮；基准直径较大时可采用腹板式、孔板式V带轮；当带轮基准直径大于300 mm时，可采用轮辐式V带轮。

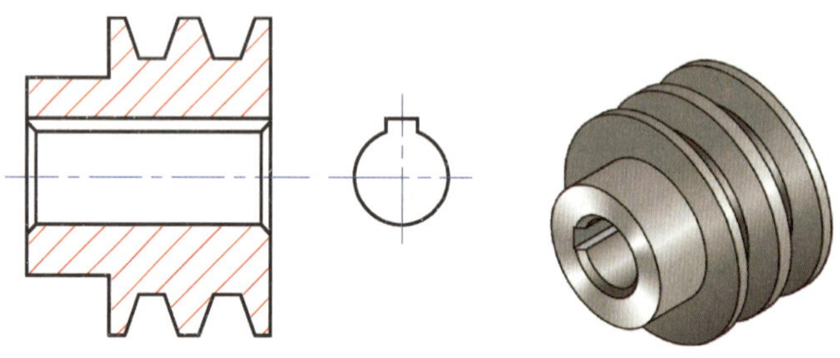

图1—8　实心式V带轮

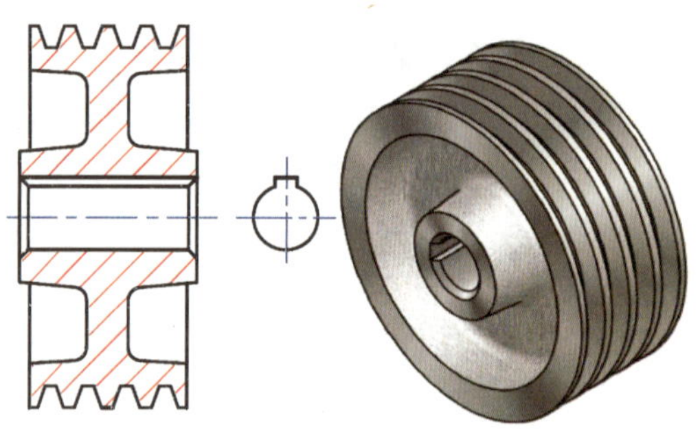

图1—9　腹板式V带轮

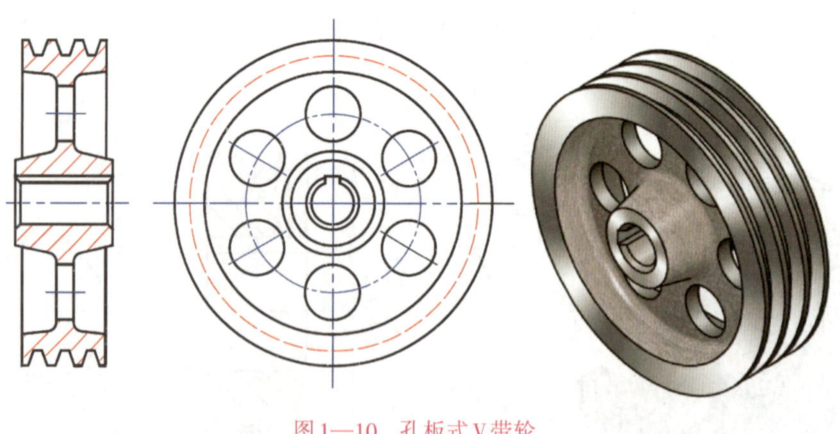

图1—10　孔板式V带轮

（5）V带轮的材料

普通V带轮通常用灰铸铁制造，带速较高时可采用铸钢，功率较小的传动可采用铸造铝合金或工程塑料等。

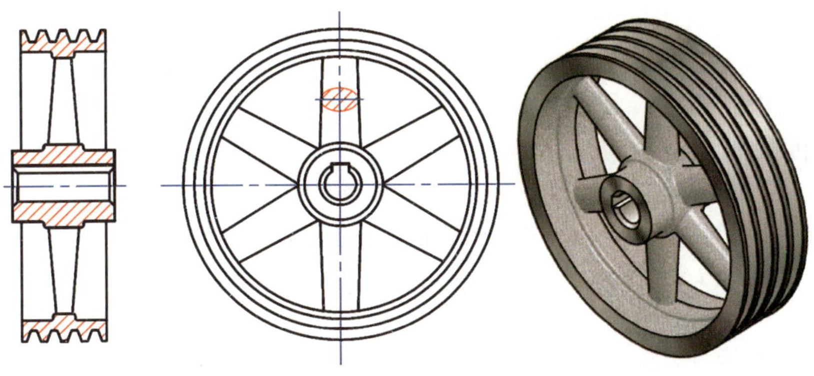

图1—11　轮辐式V带轮

3. V带传动的主要参数

（1）V带传动的传动比i

根据带传动的传动比计算公式，对于V带传动，如果不考虑V带与V带轮间打滑因素的影响，其传动比计算公式可用主、从动轮的基准直径来表示：

$$i_{12}=\frac{n_1}{n_2}=\frac{d_{d2}}{d_{d1}}$$

式中　n_1——主动轮的转速，r/min；

n_2——从动轮的转速，r/min；

d_{d1}——主动轮的基准直径，mm；

d_{d2}——从动轮的基准直径，mm。

通常情况下，V带传动的传动比$i\leqslant 7$，常用2～7。

（2）小带轮的包角α_1

包角是带与带轮接触弧所对应的圆心角，如图1—12所示。包角的大小反映了带与带轮轮缘表面间接触弧的长短。两带轮中心距越大，小带轮包角α_1也越大，带与带轮接触弧也越长，带能传递的功率就越大；反之，带能传递的功率就越小。为了使V带传动可靠，一般要求小V带轮的包角$\alpha_1\geqslant 120°$。

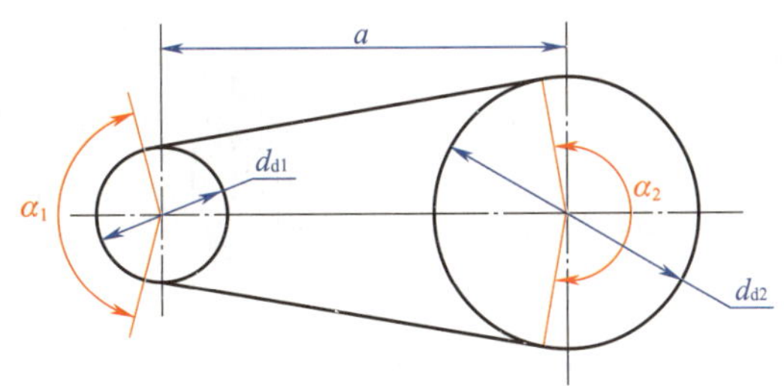

图1—12　带轮的包角

α_1—小带轮包角　α_2—大带轮包角　a—中心距　d_{d1}—小带轮基准直径　d_{d2}—大带轮基准直径

（3）中心距a

中心距a是两带轮中心连线的长度（图1—12）。两带轮中心距越大，带的传动能力越强；但中心距过大，又会使整个装置不够紧凑，在高速传动时易使带产生振动，反而使带的传动能力下降。因此，两带轮中心距一般为0.7～2倍的（$d_{d1}+d_{d2}$）。

（4）带速v

带速v一般取5～25 m/s。带速v过高或过低都不利于带的传动。带速太低，在传递功率一定时，所需圆周力增大，容易引起打滑；带速太高，离心力又会使带与带轮间的压紧程度减小，降低传动能力。

（5）V带的根数Z

V带的根数影响到带的传动能力。根数越多，传递功率越大，所以V带传动中所需V带的根数应按具体的传递功率大小而定。但为了使各V带受力比较均匀，V带的根数不宜过多，通常应小于7。

4. 普通V带传动的应用特点

（1）普通V带传动的优点

1）结构简单，制造、安装精度要求不高，使用维护方便，适用于两轴中心距较大的场合。

2）传动平稳，噪声低，有缓冲吸振作用。

3）过载时，传动带会在带轮上打滑，可以防止零件的损坏，起安全保护作用。

（2）普通V带传动的缺点

1）不能保证准确的传动比。

2）外廓尺寸大，传动效率低（一般为0.87～0.96）。

5. V带传动的安装维护

（1）安装V带时，应缩小中心距后将带套入，再慢慢调整中心距使带达到合适的张紧程度。测试V带张紧程度的方法如图1—13所示，用大拇指能将带按下15 mm左右，则张紧程度合适。

（2）安装V带轮时，两带轮的轴线应相互平行，两带轮轮槽的对称平面应重合，其偏角误差应小于20′，如图1—14所示。

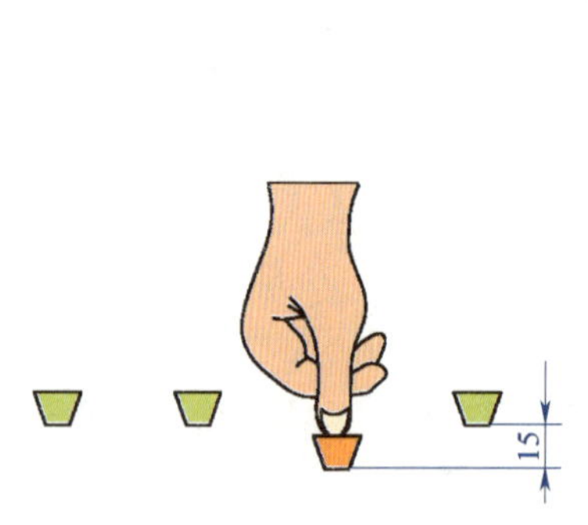

图1—13　V带的张紧程度

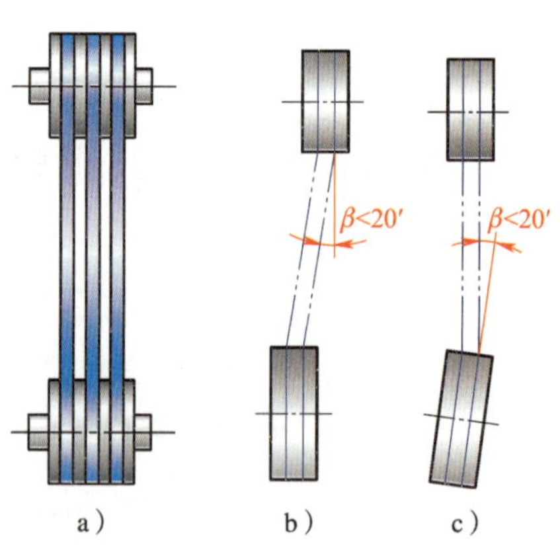

图1—14　V带轮安装位置

a）理想位置　b）、c）允许位置

（3）V带在轮槽中应有正确的位置。如图1—15所示，V带顶面应与V带轮的轮槽顶面基本平齐，底面与轮槽底面之间应有一定间隙，以保证V带和轮槽的工作面之间充分接触。如V带顶面高出轮槽顶面过多，则工作面的实际接触面积减小，使传动能力降低；如V带顶面低于轮槽顶面过多，会使V带底面与轮槽底面接触，从而导致V带传动因两侧工作面接触不良而使摩擦力锐减，甚至丧失。因此，安装时要保证V带和带轮的匹配。

a）

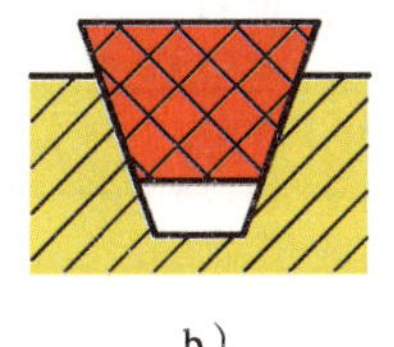

b）

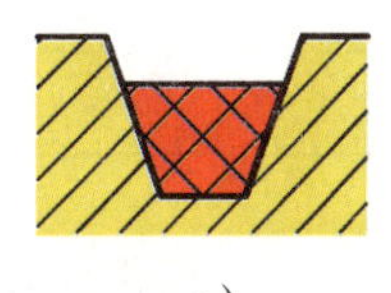

c）

图1—15　V带在轮槽中的安装位置

a）正确　b）、c）错误

（4）V带在使用过程中应定期检查并及时调整。若发现一组带中个别V带有疲劳撕裂（裂纹）等现象，应及时更换所有V带。不同类型、不同新旧的V带不能同组使用。

（5）为保证安全生产和带的清洁，应给带传动装置加装防护罩，这样可以避免带接触酸、碱、油等有腐蚀性的介质及因日光暴晒而过早老化。

（6）普通V带的使用温度宜在50℃以下。

（7）安装V带时切忌用工具硬撬。

6. V带传动的张紧装置

在安装V带传动装置时，V带是以一定的拉力紧套在带轮上的，但经过一段时间运转后，会因为塑性变形和磨损而松弛，影响正常工作。因此，需要定期检查与重新调整张紧，以恢复和保持必需的张紧力，保证V带传动具有足够的传动能力。V带传动常用的张紧方法见表1—2。

表1—2　V带传动常用的张紧方法

张紧方法	结 构 简 图	原理及应用
调整中心距	电动机　V带　调节螺钉　滑道	转动调节螺钉，可使电动机沿垂直其机轴方向移动从而实现V带的张紧。该方法适用于两轴线水平或接近水平的传动 
	摆架　销轴　调节螺母	转动调节螺母，可使摆架绕销轴转动从而改变V带的张紧程度。该方法适用于两轴线相对安装支架垂直或接近垂直的传动 
	摆架　销轴	靠电动机及摆架的重力使电动机绕销轴摆动，实现自动张紧 

续表

张紧方法	结构简图	原理及应用
张紧轮	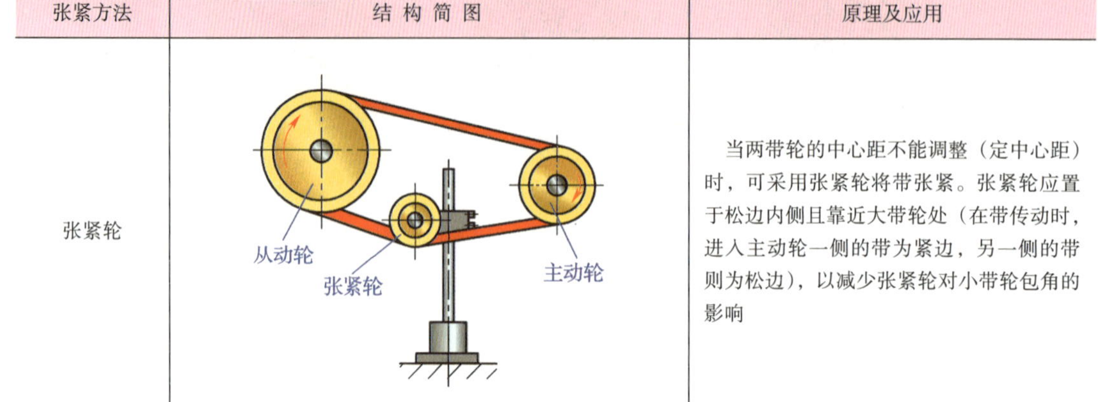	当两带轮的中心距不能调整（定中心距）时，可采用张紧轮将带张紧。张紧轮应置于松边内侧且靠近大带轮处（在带传动时，进入主动轮一侧的带为紧边，另一侧的带则为松边），以减少张紧轮对小带轮包角的影响

【知识链接】

窄V带传动

窄V带是在普通V带的基础上发展形成的一种新型胶带，结构形式与普通V带很相似，性能则更为优良。

窄V带的楔角α也是40°，但其截面高度相比普通V带要高。窄V带的横截面结构如图1—16所示。其顶面呈弧形，两侧面呈凹形。窄V带弯曲后侧面变直，与轮槽两侧面能更好地贴合，增大了摩擦力，提高了传动能力。因此，与普通V带相比，窄V带传动具有传动能力更大、效率更高、结构更紧凑、使用寿命更长等优点。目前，窄V带已广泛应用于高速、大功率且结构要求紧凑的机械传动中。

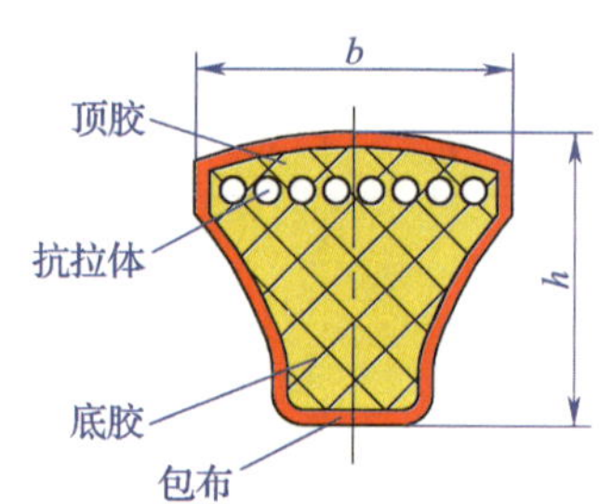

图1—16　窄V带的横截面结构

三、同步带传动

同步带传动即啮合型带传动。它通过传动带内表面上等距分布的横向齿与带轮上的相应齿槽啮合来传递运动，如图1—17所示。与V带传动相比，同步带传动的带轮和传动带之间没有相对滑动，能够保证准确的传动比。

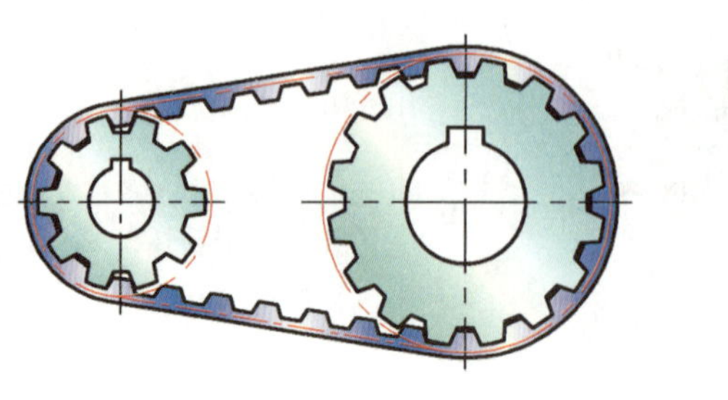

图1—17　同步带传动

1. 同步带

同步带是工作面上带有齿的环状体，通常用钢丝绳或玻璃纤维绳等作抗拉体，以聚氨酯或橡胶作为基体，外层覆以齿布（高耐磨织物），其结构如图1—18所示。

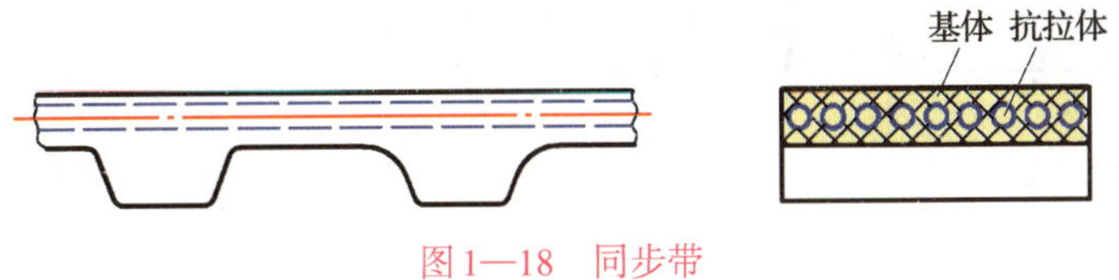

图1—18　同步带

目前，应用较为广泛的同步带齿形有梯形齿和圆弧齿两种，其形状如图1—19所示。梯形齿的齿廓为直线，圆弧齿的齿廓为圆弧。

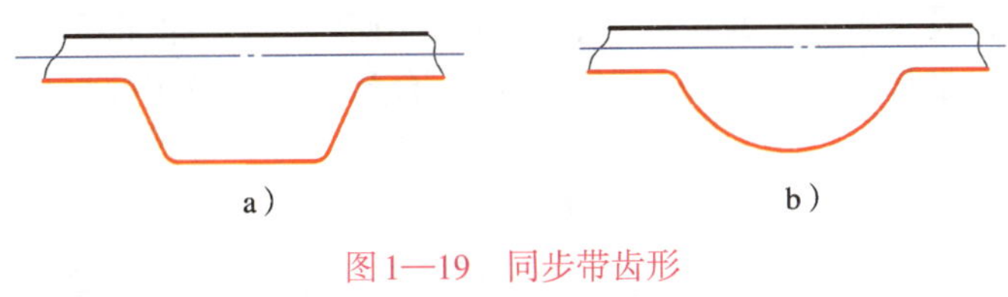

图1—19　同步带齿形

a）梯形齿　b）圆弧齿

同步带有单面同步带（单面有齿）和双面同步带（双面有齿）两种类型。双面同步带又分为对称双面齿同步带和交错双面齿同步带，如图1—20所示。

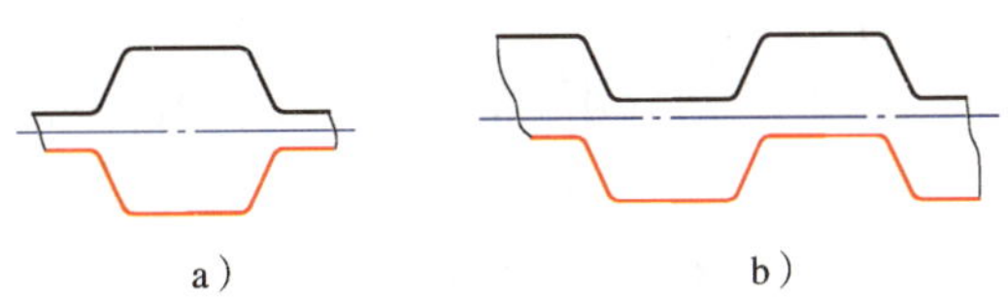

a）　b）

图1—20　双面同步带的类型

a）对称双面齿同步带　b）交错双面齿同步带

2. 同步带轮

同步带轮有梯形齿同步带轮和圆弧齿同步带轮，其齿形如图1—21所示。带轮分为有挡圈和无挡圈两种，其结构如图1—22所示。同步带轮常用材料有铝合金、钢、铸铁、不锈钢、尼龙、铜、橡胶、POM聚甲醛塑料（赛钢）等，其中以45钢、铝合金最为常见。

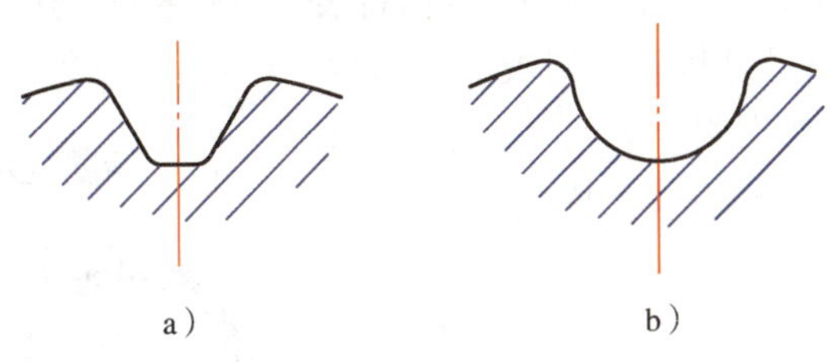

a）　b）

图1—21　同步带轮齿形

a）梯形齿　b）圆弧齿

3. 同步带传动的特点及应用

（1）同步带与带轮工作时无相对滑动，传动准确，具有恒定的传动比，广泛用于精密传动的各种设备上，例如传真机、打印机、扫描仪、一体机等办公设备。

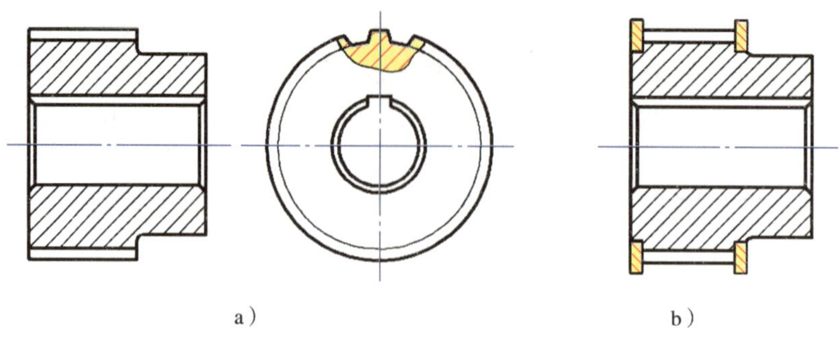

图1—22　同步带轮结构

a）无挡圈带轮　b）有挡圈带轮

（2）传动平稳，具有缓冲、减振能力，噪声低，在轻工机械上得到广泛应用，如纺织机械中大量采用了同步带传动。其他如印刷、造纸、食品、烟草及医疗机械等也都广泛采用同步带传动。

（3）传动效率可达0.98，节能效果明显。

（4）传动比范围大，一般可达1∶10，线速度可达50 m/s，具有较大的功率传递范围，可从几瓦到几百千瓦。常用于强度、工作可靠性、耐磨性和耐腐蚀性要求较高的场合，如汽车、摩托车发动机上的传动系统广泛采用了同步带传动。

（5）传动机构比较简单，维护保养方便，维护费用低。

（6）结构紧凑，适宜于多轴传动。

（7）不需要润滑，无污染，因此可在不允许有污染和工作环境较为恶劣的场合下正常工作。

§1—2　链　传　动

链传动主要用于一般机械中传递运动和动力，也可用于物料输送等场合。传动链主要有套筒滚子链和齿形链两种，使用最广泛的是套筒滚子链。链传动的应用非常广泛，自行车（图1—23）的运动就是通过链传动来实现的。除日常生活外，链传动还广泛应用于轻工、矿山、农业、运输、起重、机床等机械的传动中。

图1—23　自行车及链传动

一、链传动概述

1. 链传动及其传动比

链传动由主动链轮1、传动链2和从动链轮3组成，如图1—24所示。链轮上制有特殊齿形的齿，通过链轮轮齿与链条的啮合来传递运动和动力。

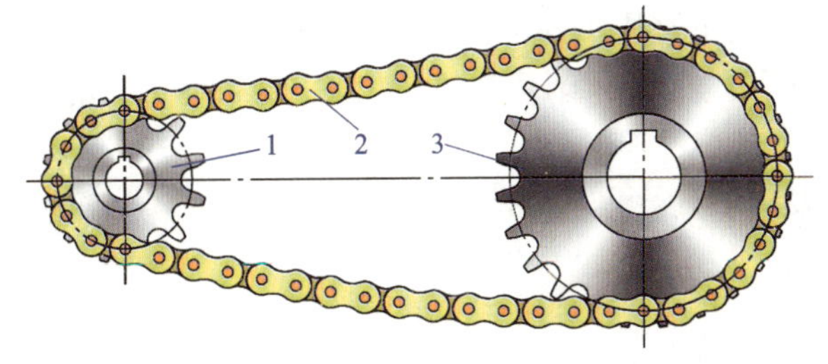

图1—24　链传动

1—主动链轮　2—传动链　3—从动链轮

在链传动中，主动链轮每转过一个齿，链条移动一个链节，从动链轮被链条带动转过一个齿。如图1—25所示，设主动链轮的齿数为z_1，从动链轮的齿数为z_2，当主动链轮的转速为n_1、从动链轮的转速为n_2时，单位时间内主动链轮转过的齿数z_1n_1与从动链轮转过的齿数z_2n_2相等，即：

$$z_1n_1=z_2n_2 \quad 或 \quad \frac{n_1}{n_2}=\frac{z_2}{z_1}$$

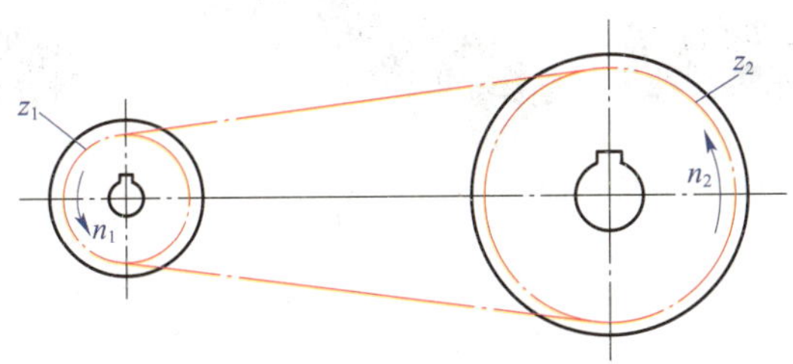

图1—25　链传动的传动比

主动链轮的转速n_1与从动链轮的转速n_2之比称为链传动的传动比，表达式为：

$$i_{12}=\frac{n_1}{n_2}=\frac{z_2}{z_1}$$

式中　n_1、n_2——主、从动链轮的转速，r/min；

z_1、z_2——主、从动链轮的齿数。

2. 链传动的应用特点

链传动的传动比是恒定的。链传动的传动比一般为$i\leqslant 8$，低速传动时i可达10；两轴中心距a可达5～6 m；传动功率$P\leqslant 100$ kW；链条速度$v\leqslant 15$ m/s，高速时可达20～40 m/s。与带传动相比，链传动具有以下特点：

（1）优点

1）能保证准确的平均传动比。

2）传动功率大。

3）传动效率高，一般可达0.95～0.98。

4）可用于两轴中心距较大的场合。

5）能在低速、重载和高温条件下，以及粉尘、淋水、淋油等不良环境中工作。

6）作用在轴和轴承上的力小。

（2）缺点

1）由于链节的多边形运动，所以瞬时传动比是变化的，瞬时链速度不是常数，传动中会产生动载荷和冲击，因此不宜用于要求精密传动的机械上。

2）链条的铰链磨损后，使链条节距变大，传动中链条容易脱落。

3）工作时有噪声。

4）对安装和维护要求较高。

5）无过载保护作用。

二、套筒滚子链与链轮

1. 套筒滚子链

常用的套筒滚子链主要有单排链、双排链和三排链（图1—26）。链条中的零件由碳素钢或合金钢制造，并经表面淬火处理，强度、硬度及耐磨性好。滚子链的承载能力与排数成正比，但排数越多，各排受力越不均匀，所以排数不能过多。

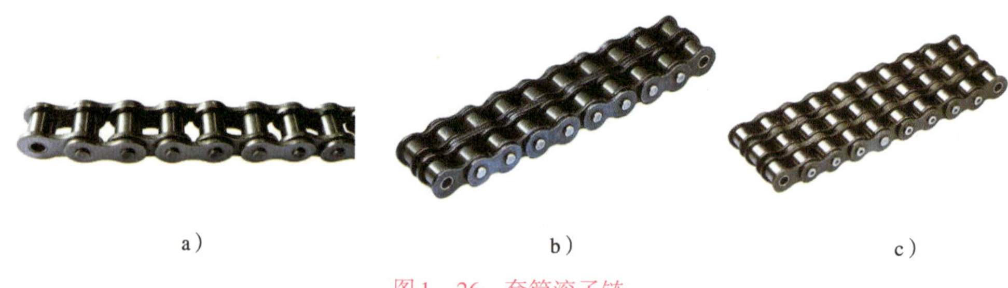

图1—26 套筒滚子链

a）单排链 b）双排链 c）三排链

（1）套筒滚子链的结构

图1—27所示为单排套筒滚子链的结构，它由内链板1、外链板2、销轴3、套筒4、滚子5等组成。销轴3与外链板2、套筒4与内链板1之间分别采用过盈配合连接；而销轴3与套筒4、滚子5与套筒4之间则为间隙配合，以保证链节屈伸时，内链板1与外链板2之间能相对转动，滚子5与套筒4、套筒4与销轴3之间可以自由转动。当链条与链轮啮合时，滚子与链轮轮齿相对滚动，两者之间主要是滚动摩擦，从而减少了链条和链轮轮齿的磨损。双排滚子链的结构与单排滚子链类似，如图1—28所示。

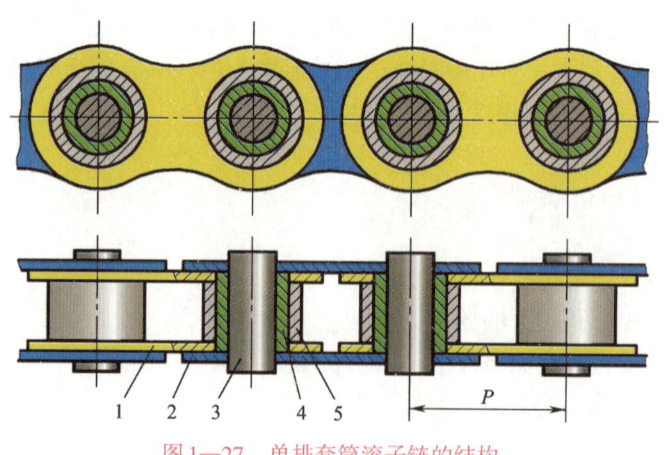

图1—27 单排套筒滚子链的结构

1—内链板 2—外链板 3—销轴 4—套筒 5—滚子

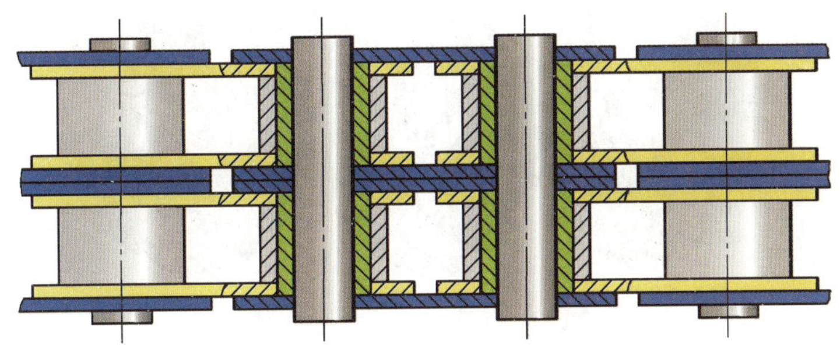

图1—28　双排滚子链的结构

链接头处可用开口销（图1—29a）或弹簧夹（图1—29b）锁定。当链节数为奇数时，链接头需采用过渡链节（图1—29c）。过渡链节不仅制造复杂，而且抗拉强度较低，因此尽量不采用。

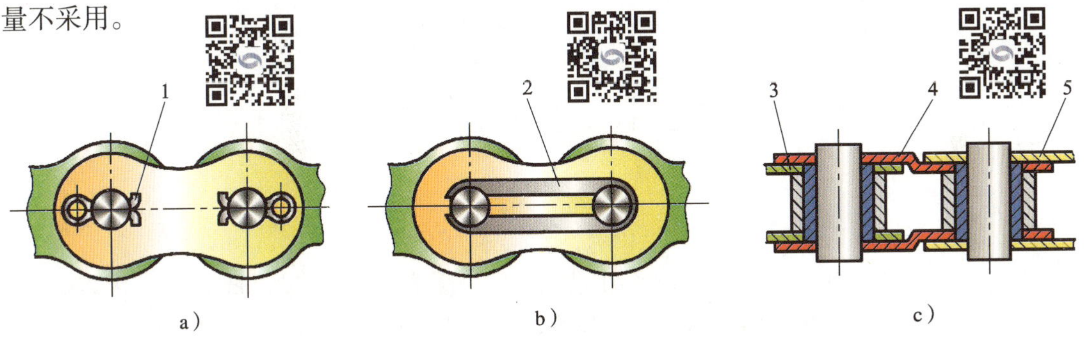

图1—29　滚子链接头形式

a）开口销接头　b）弹簧夹接头　c）过渡链节接头

1—开口销　2—弹簧夹　3—内链板　4—过渡链节　5—外链板

（2）滚子链的主要参数

1）节距。链条相邻两销轴中心线之间的距离称为节距，用符号 P 表示（图1—27）。节距是链的主要参数，链的节距越大，承载能力越强，但链传动的结构尺寸也会相应增大，传动的振动、冲击和噪声也越严重。因此，应用时尽可能选用小节距的链。高速、大功率传动时，可选用小节距的双排链或多排链。

2）节数。链条的节是组成链条的最小单元，链条的节数是指每一根链条节的总数，滚子链的长度与节数有关。为了使链条两端便于连接，链节数应尽量选取偶数，以便连接时正好使内链板和外链板相接。

3）链条速度。链条速度不宜过大，链条速度越大，链条与链轮间的冲击力也越大，会使传动不平稳，同时加速链条和链轮的磨损。一般要求链条速度不大于15 m/s。

2. 套筒滚子链链轮

套筒滚子链链轮要与链配套，也分为单排、双排和三排等，如图1—30所示。套筒滚子链链轮的轮齿形状如图1—31所示，其轮齿的齿形一般由三段圆弧组成。

为保证传动平稳，减少冲击和动载荷，小链轮齿数不宜过少，一般应大于17。大链轮齿数也不宜过多，齿数过多除了增大传动尺寸和质量外，还会出现跳齿和脱链等现象，通常大链轮齿数一般应小于120。由于链节数常取偶数，为使链条与链轮轮齿磨损均匀，链轮齿数一般应取与链节数互为质数的奇数。

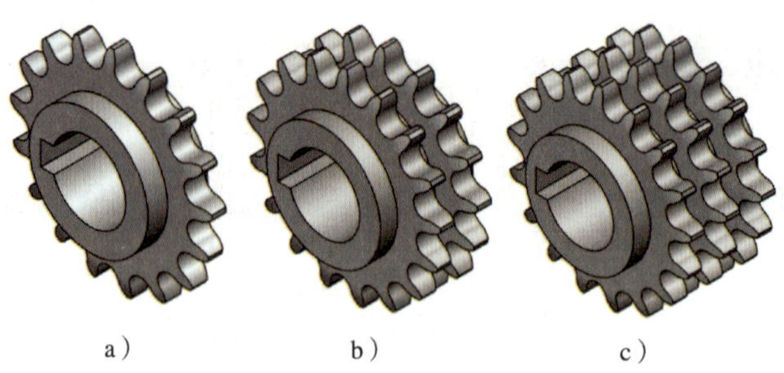

a） b） c）

图1—30 套筒滚子链链轮的种类

a）单排 b）双排 c）三排

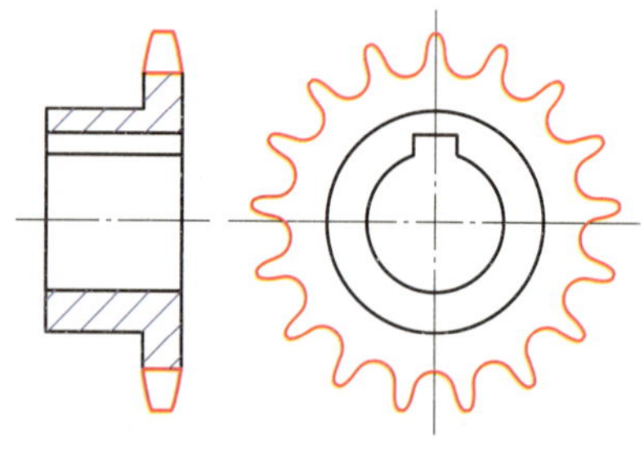

图1—31 套筒滚子链链轮的轮齿形状

链轮材料应保证轮齿有足够的强度和耐磨性，一般可采用灰铸铁、低碳钢、中碳钢、低碳合金钢、中碳合金钢等。链轮齿面一般都经过热处理，使之达到一定硬度。

3. 链传动的维护保养

（1）链的松紧度要适宜，太紧了会增加功率消耗，轴承容易磨损；太松了容易使链跳动和脱链。链的松紧程度为：从链轮的中部提起或压下的距离为两链轮中心距的2%～3%。

（2）链轮装在轴上应没有摆动和歪斜。在同一传动组件中两个链轮的端面应位于同一平面内，如果两轮偏移过大容易产生脱链和加速链与链轮的磨损。

（3）链轮齿面磨损到一定程度后应及时翻面使用（指可调面使用的链轮），以延长使用时间。链轮磨损严重后，应同时更换新链和新链轮，以保证良好的啮合。

（4）新链过长或链条经使用后伸长，难以调整时，可拆去部分链节，但必须为偶数。接头链节应从链轮背面穿过，锁紧片插在外面，锁紧片的开口应朝着运动的相反方向。

（5）链轮在工作中应该及时加注润滑油。润滑油必须进入滚子和内套的配合间隙，以便改善工作条件，减少磨损。

【知识链接】

齿形链传动

齿形链又称无声链，也属于传动链中的一种形式。它由一系列的齿链板和导板交替叠加，用铰链连接而成，如图1—32所示。与套筒滚子链相比，齿形链传动平稳性好、传动速度快、噪声较小、承受冲击性能较好，但结构复杂、装拆困难、质量较大、易磨损、成本较高，主要用在高速、重载、低噪声、大中心距的场合。

a）

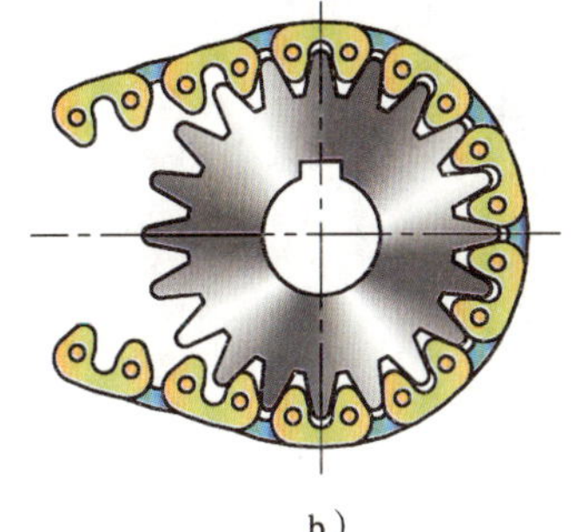

b）

图1—32　齿形链及传动

a）齿形链　b）齿形链传动

§1—3　螺旋传动

螺旋传动是主要的机械传动之一，主要用来将主动件的回转运动转变为从动件的直线运动，同时传递运动和动力。螺旋传动常用于机床的进给机构、起重设备、锻压机械、测量仪器、工具、夹具及其他工业装备中。图1—33所示为桌虎钳，用于夹持小型工件。它主要由固定钳身3、活动钳身5、固定座7等组成。旋转固定手柄9，通过固定丝杆8与固定座7之间的螺旋传动使丝杆上移，将桌虎钳夹紧在桌面上。旋转夹紧手柄1，使夹紧螺杆2旋转，通过螺旋传动使活动钳身5向固定钳身移动，从而夹紧工件。

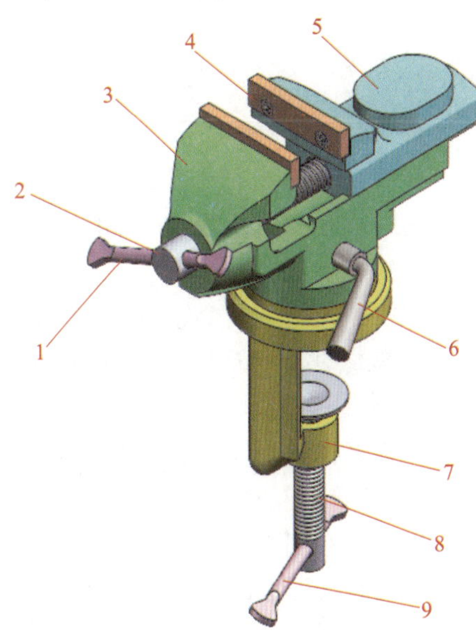

图1—33　桌虎钳

1—夹紧手柄　2—夹紧螺杆　3—固定钳身
4—钳口板　5—活动钳身　6—连接手柄
7—固定座　8—固定丝杆　9—固定手柄

一、螺纹的形成

圆柱面上一动点绕圆柱轴线做等速转动的同时，又沿圆柱母线做等速直线运动，形成的复合运动轨迹称为螺旋线，如图1—34所示。螺旋线有右旋和左旋之分，当圆柱轴线直立时，右旋螺旋线的可见部分自左向右升高（图1—34a）；左旋螺旋线则自右向左升高（图1—34b）。

某一平面图形（如三角形、梯形、锯齿形等）沿圆柱（或圆锥）表面上的螺旋线运动，形成的具有相同断面的连续凸起和沟槽称为螺纹。螺纹是零件上一种常见的标准结构要素，在圆柱（或圆锥）外表面上形成的螺纹称为外螺纹；在圆柱（或圆锥）内表面上形成的螺纹称为内螺纹。螺纹的结构如图1—35所示。

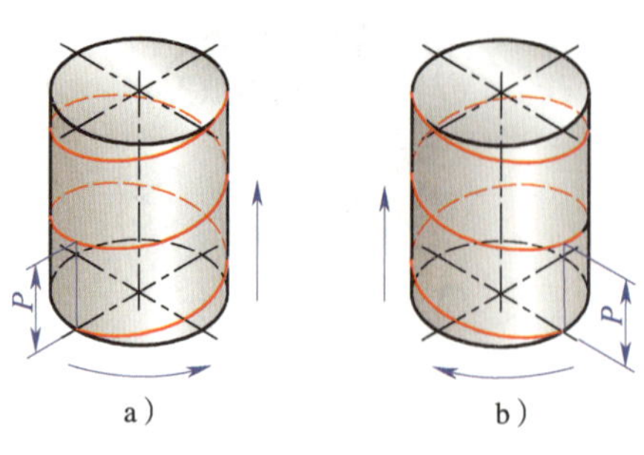

图 1—34　螺旋线的形成
a）右旋　b）左旋

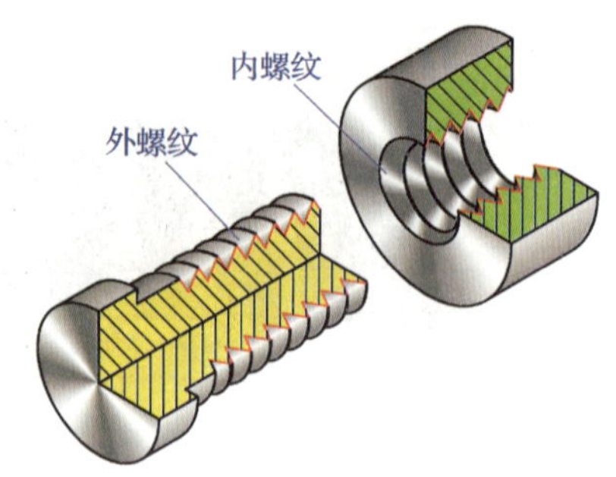

图 1—35　螺纹的结构

二、螺纹的主要几何参数

螺纹的主要几何参数有大径、小径、公称直径、线数、螺距、导程、旋向、螺纹升角、牙型角与牙侧角等。

1. 螺纹大径

螺纹大径是指与外螺纹牙顶或内螺纹牙底相切的假想圆柱的直径，外螺纹大径用d表示，内螺纹大径用D表示，如图 1—36 所示。

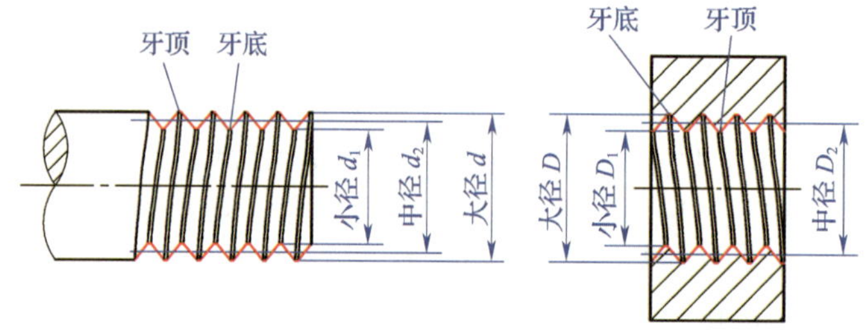

图 1—36　螺纹的几何参数

2. 螺纹小径

螺纹小径是指与外螺纹牙底或内螺纹牙顶相切的假想圆柱的直径，外螺纹小径用d_1表示，内螺纹小径用D_1表示，如图 1—36 所示。

3. 螺纹中径

螺纹中径是指一个假想圆柱的直径，该圆柱的母线通过牙型上沟槽和凸起宽度相等的地方。外螺纹中径用d_2表示，内螺纹中径用D_2表示，如图 1—36 所示。

4. 公称直径

公称直径是指代表螺纹规格大小的直径。除管螺纹外，公称直径是指螺纹的大径。

5. 螺纹的线数

形成螺纹时，沿一条螺旋线形成的螺纹称为单线螺纹，如图 1—37a 所示；沿两条或两条以上螺旋线形成的螺纹称为多线螺纹，图 1—37b 所示为双线螺纹。

6. 螺距

螺距是螺纹相邻两牙两对应点之间的轴向距离，用P表示，如图 1—37 所示。

7. 导程

导程是同一条螺旋线上相邻两牙两对应点之间的轴向距离，用P_h表示，如图 1—37 所示。

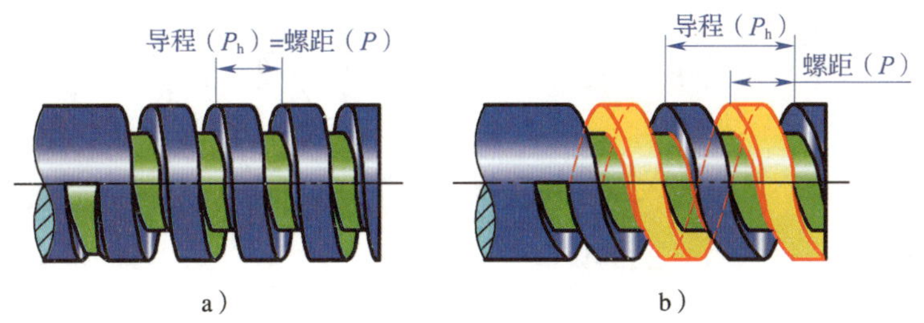

图1—37　螺纹的线数

a）单线螺纹　b）双线螺纹

螺距、导程、线数之间的关系是：导程P_h = 螺距P × 线数n。

对于单线螺纹：导程P_h = 螺距P。

8. 旋向

螺纹旋向分右旋、左旋两种，沿右旋螺旋线形成的螺纹为右旋螺纹，沿左旋螺旋线形成的螺纹为左旋螺纹。右旋螺杆旋入螺孔时沿顺时针方向旋转；左旋螺杆旋入螺孔时沿逆时针方向旋转。当螺杆的轴线竖直放置时，右旋螺纹的可见部分自左向右升高，左旋螺纹的可见部分则自右向左升高。螺纹的旋向还可以用左右手来判别（图1—38），方法如下：

（1）伸出右手（或左手），手心对着自己，把螺杆放在手心上。

（2）四指的指向与螺纹轴线方向相同。

（3）右旋螺纹的旋向和右手大拇指的指向相同，左旋螺纹的旋向和左手大拇指的指向相同。

9. 螺纹升角

螺纹升角是指在螺纹中径的圆柱面上，螺纹的切线与垂直于螺纹轴线的平面间的夹角（图1—39），用φ表示，由几何关系可知：

$$\tan\varphi = \frac{P_h}{\pi d_2} = \frac{nP}{\pi d_2}$$

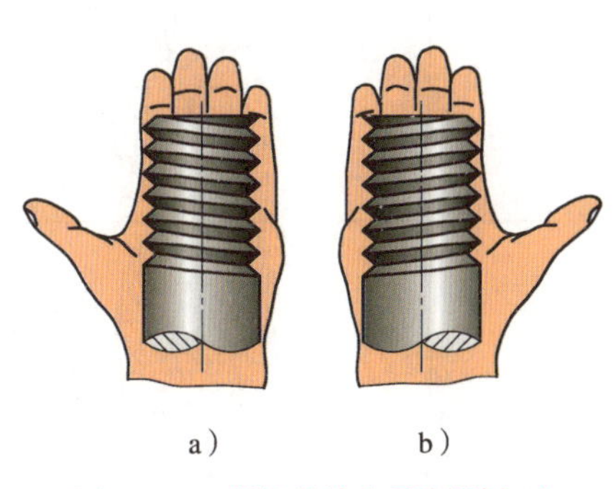

图1—38　螺纹的旋向及判别方法

a）左旋螺纹　b）右旋螺纹

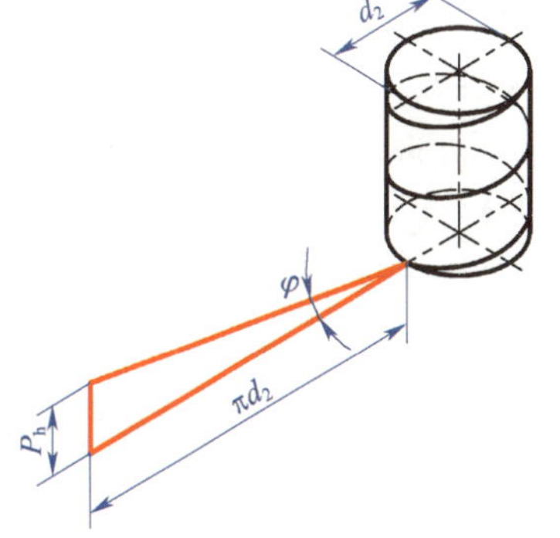

图1—39　螺纹升角

10. 牙型角与牙侧角

在螺纹牙型上，两相邻牙侧间的夹角称为牙型角，用α表示；在螺纹牙型上，一个牙侧与垂直于螺纹轴线的平面间的夹角称为牙侧角，用β_1或β_2表示，如图1—40所示。

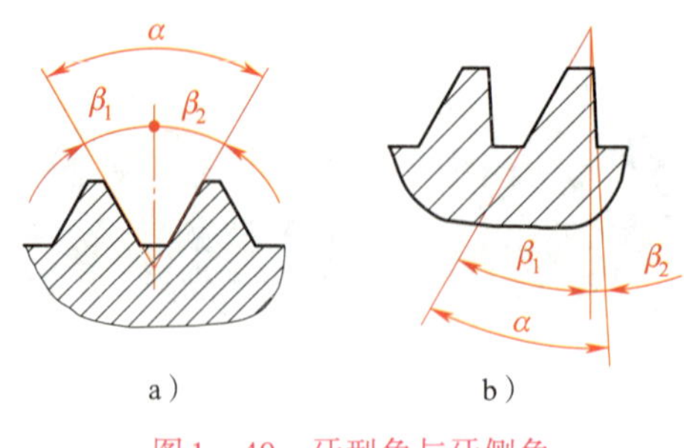

图1—40　牙型角与牙侧角

a）对称螺纹　b）非对称螺纹

三、螺纹的种类及应用

螺纹的种类很多，常见的有普通螺纹、管螺纹和传动螺纹等。在通过螺纹轴线的断面上，螺纹的轮廓形状称为螺纹牙型，常见的螺纹牙型有三角形、梯形、锯齿形等。常见螺纹的种类、特征代号和牙型见表1—3。

表1—3　　常见螺纹的种类、特征代号和牙型

种类			特征代号	牙型及牙型角（或牙侧角）
普通螺纹	粗牙普通螺纹		M	60°
	细牙普通螺纹			
管螺纹	55°非密封管螺纹		G	55°
	55°密封管螺纹	圆柱内螺纹	Rp	
		与圆柱内螺纹配合的圆锥外螺纹	R_1	
		圆锥内螺纹	Rc	
		与圆锥内螺纹配合的圆锥外螺纹	R_2	
传动螺纹	梯形螺纹		Tr	30°
	锯齿形螺纹		B	30° 3°
	矩形螺纹			

1. 普通螺纹

普通螺纹应用最广泛，其牙型为三角形，牙型角为60°，故普通螺纹又称为三角螺纹。

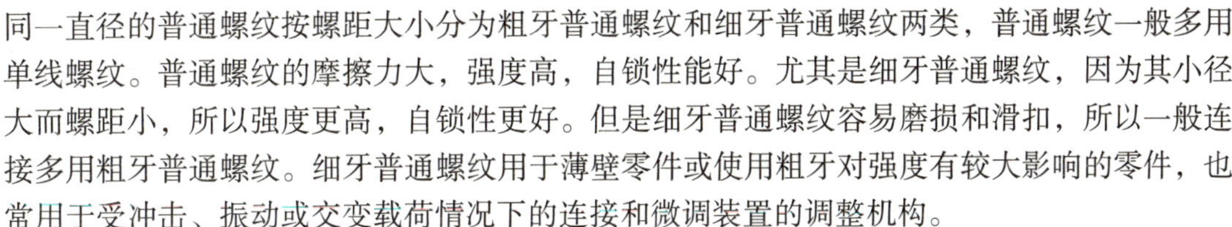
同一直径的普通螺纹按螺距大小分为粗牙普通螺纹和细牙普通螺纹两类，普通螺纹一般多用单线螺纹。普通螺纹的摩擦力大，强度高，自锁性能好。尤其是细牙普通螺纹，因为其小径大而螺距小，所以强度更高，自锁性更好。但是细牙普通螺纹容易磨损和滑扣，所以一般连接多用粗牙普通螺纹。细牙普通螺纹用于薄壁零件或使用粗牙对强度有较大影响的零件，也常用于受冲击、振动或交变载荷情况下的连接和微调装置的调整机构。

2. 管螺纹

管螺纹用于管路的连接，由于管壁较薄，为防止过多削弱管壁强度，所以采用特殊的细牙螺纹。管螺纹分为55°非密封管螺纹和55°密封管螺纹两类。

（1）55°非密封管螺纹

55°非密封管螺纹的内螺纹和外螺纹都是圆柱螺纹，连接本身不具备密封性，所以称为非密封管螺纹。若要求连接后具有密封性，可采用密封圈密封。55°非密封管螺纹多用于水、油、气的管路以及电气管路系统的连接。

（2）55°密封管螺纹

55°密封管螺纹包括两种形式：圆锥内螺纹与圆锥外螺纹连接、圆柱内螺纹与圆锥外螺纹连接。这两种连接方式本身都具有一定的密封能力，所以称为密封管螺纹。必要时，可以在螺旋副内添加密封物，以保证连接的密封性。55°密封管螺纹适用于管子、管接头、旋塞、阀门和其他管路附件的螺纹连接。

3. 传动螺纹

传动螺纹有梯形螺纹、锯齿形螺纹和矩形螺纹。

（1）梯形螺纹

梯形螺纹的牙型为等腰梯形，牙型角为30°，是传动螺纹的主要形式，广泛应用于传递动力或运动的螺旋机构中。梯形螺纹牙根强度高，螺旋副对中性好，加工工艺性好，但与矩形螺纹相比传动效率略低。

（2）锯齿形螺纹

锯齿形螺纹工作面的牙侧角为3°，非工作面的牙侧角为30°，锯齿形螺纹综合了矩形螺纹传动效率高和梯形螺纹牙根强度高的特点。其外螺纹的牙根具有相当大的圆角，以减小应力集中。螺旋副的大径处无间隙，便于对中。锯齿形螺纹广泛应用于单向受力的传动机构。

（3）矩形螺纹

矩形螺纹牙型为正方形，牙厚等于螺距的1/2。矩形螺纹没有相关标准，公制矩形螺纹的直径与螺距可按梯形螺纹的直径与螺距选择。矩形螺纹传动效率高，但对中精度低，牙根强度低，精确制造较为困难，螺旋副磨损后的间隙难以补偿或修复。矩形螺纹主要用于传力机构中。

四、普通螺旋传动的形式

螺旋传动是利用螺杆（丝杠）和螺母组成的螺旋副来实现传动的。螺旋传动具有结构简单，工作连续、平稳，承载能力强，传动精度高等优点，广泛应用于各种机械和仪器中。

常用螺旋传动有普通螺旋传动、差动螺旋传动和滚珠螺旋传动等，其中普通螺旋传动最为常用。

普通螺旋传动是指由一个螺杆和一个螺母组成的螺旋副实现的传动。普通螺旋传动的形式可以分为单动螺旋传动和双动螺旋传动两类。

1. 单动螺旋传动

单动螺旋传动是指螺栓或螺母有一件不动，另一件既旋转又移动。其中一种形式是螺母不动，螺杆回转并做直线运动；另一种形式是螺杆不动，螺母旋转并做直线运动。单动螺旋传动的运动形式见表1—4。

表1—4　　单动螺旋传动的运动形式

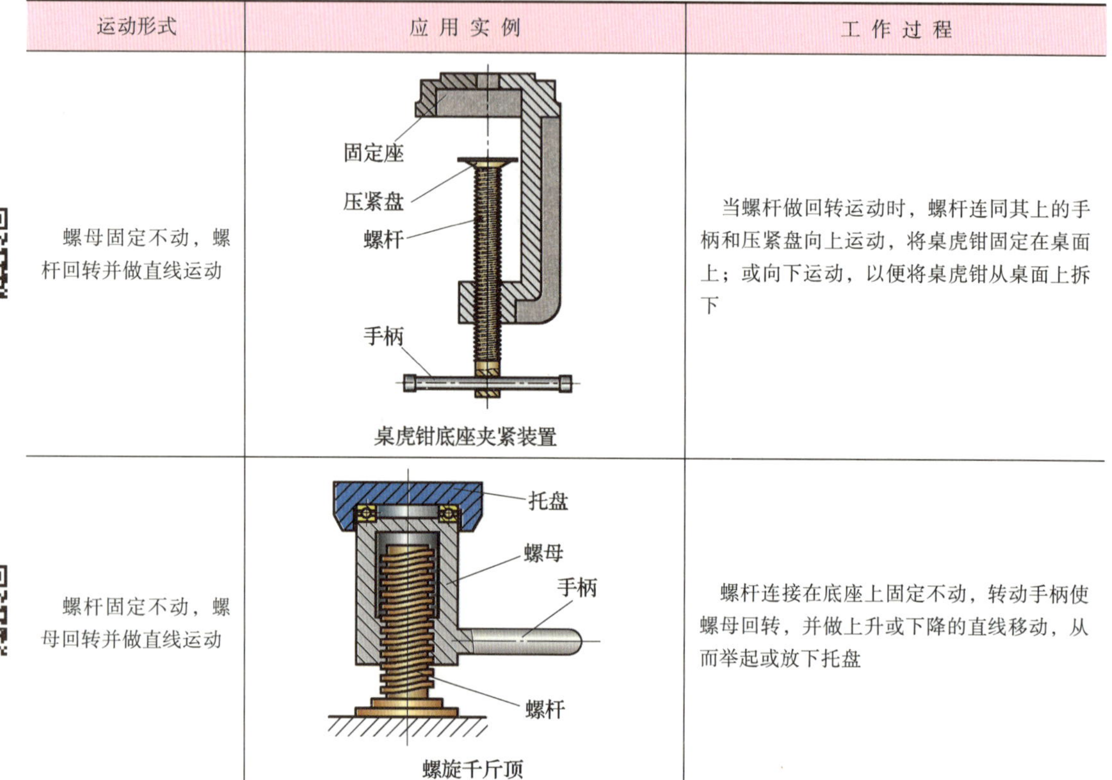

运动形式	应用实例	工作过程
螺母固定不动，螺杆回转并做直线运动	桌虎钳底座夹紧装置	当螺杆做回转运动时，螺杆连同其上的手柄和压紧盘向上运动，将桌虎钳固定在桌面上；或向下运动，以便将桌虎钳从桌面上拆下
螺杆固定不动，螺母回转并做直线运动	螺旋千斤顶	螺杆连接在底座上固定不动，转动手柄使螺母回转，并做上升或下降的直线移动，从而举起或放下托盘

2. 双动螺旋传动

双动螺旋传动是指螺杆和螺母都做运动的螺旋传动。其中一种形式是螺杆原位回转，螺母做直线运动；另一种形式是螺母原位回转，螺杆做往复直线运动。双动螺旋传动的运动形式见表1—5。

表1—5　　双动螺旋传动的运动形式

运动形式	应用实例	工作过程
螺杆回转，螺母做直线运动	手柄　固定钳身　螺杆　活动钳身 桌虎钳夹紧工件机构	转动手柄时，螺杆与手柄一起旋转，使活动钳身（螺母）做横向往复运动，从而实现对工件的夹紧和松开

续表

运动形式	应用实例	工作过程
螺母回转，螺杆做直线运动	观察镜 螺母 螺杆 机架 观察镜螺旋调整装置	螺母做回转运动时，螺杆带动观察镜向上或向下移动，从而实现对观察镜的上下调整

五、普通螺旋传动运动方向的判定

在普通螺旋传动中，螺杆或螺母的移动方向可用左、右手法则判断。具体方法如下：

1. 左旋螺纹用左手判断，右旋螺纹用右手判断。
2. 弯曲四指，其指向与螺杆或螺母回转方向相同。
3. 大拇指与螺杆轴线方向一致。
4. 若为单动，大拇指的指向即为螺杆或螺母的运动方向；若为双动，与大拇指指向相反的方向即为螺杆或螺母的运动方向，见表1—6。

表1—6 普通螺旋传动螺杆（螺母）移动方向的判定

传动形式	应用实例	
单动螺旋传动	图例	活动钳身 固定钳身 螺杆 螺母 固定钳身
	移动方向判别	图示为台虎钳夹紧机构，固定钳身与螺母固连为一体。螺杆相对固定钳身回转并做直线运动。该机构属于螺杆既做旋转运动又做直线运动的单动螺旋传动。根据图示可判断螺纹的旋向为右旋，所以用右手法则判别。当螺杆顺时针旋转时，螺杆向右运动，带动活动钳身夹紧工件

续表

传动形式	应用实例	
双动螺旋传动	图例	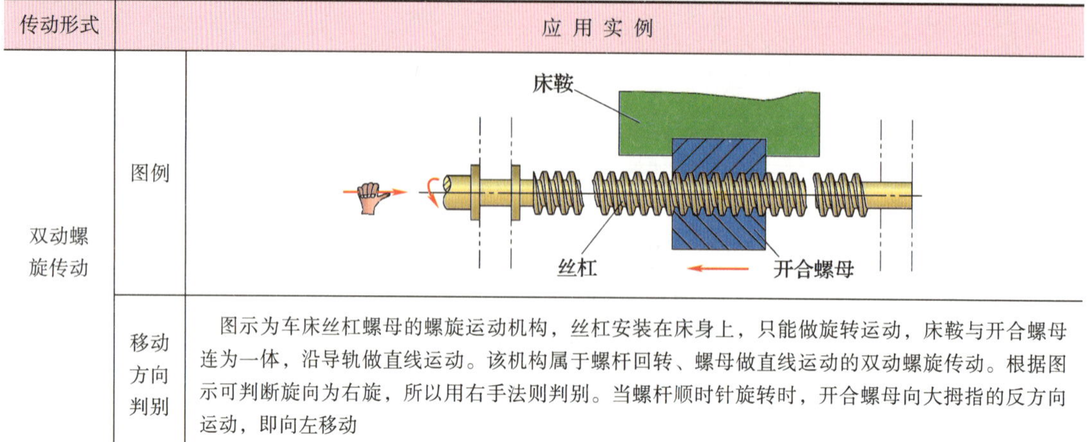
	移动方向判别	图示为车床丝杠螺母的螺旋运动机构，丝杠安装在床身上，只能做旋转运动，床鞍与开合螺母连为一体，沿导轨做直线运动。该机构属于螺杆回转、螺母做直线运动的双动螺旋传动。根据图示可判断旋向为右旋，所以用右手法则判别。当螺杆顺时针旋转时，开合螺母向大拇指的反方向运动，即向左移动

六、普通螺旋传动直线移动距离的计算

普通螺旋传动中，螺杆（螺母）相对于螺母（螺杆）每回转一周，螺杆（螺母）就移动一个导程的距离。因此，螺杆（螺母）移动距离L等于回转周数N与导程P_h的乘积：

$$L = NP_h$$

式中 L——螺杆（螺母）移动距离，mm；

N——回转周数；

P_h——螺纹导程，mm。

例 如图1—41所示，普通螺旋传动中，已知左旋双线螺杆的螺距为8 mm，若螺杆按图示方向回转两周，螺母移动的距离为多少？方向如何？

解 普通螺旋传动螺母移动距离为：

$$L = NP_h = NPn = 2 \times 8 \times 2 = 32\ \text{mm}$$

螺母移动方向判定：左旋螺纹用左手法则确定方向，四指指向与螺杆回转方向相同。由于螺杆回转，螺母移动，属于双动螺旋传动，所以大拇指指向的反方向为螺母的移动方向。因此，螺母移动的方向向右。

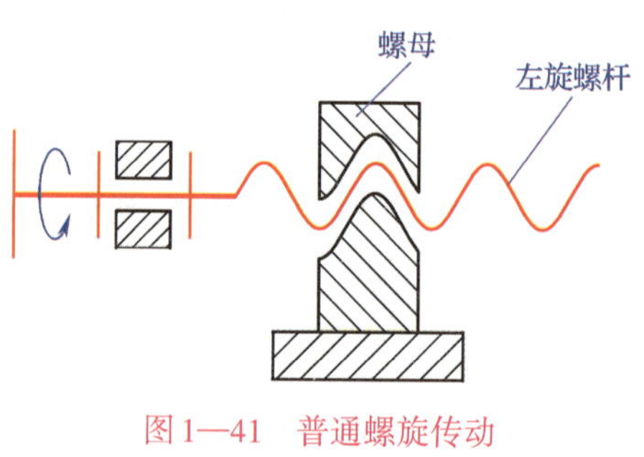

图1—41 普通螺旋传动

【知识链接】

滚珠螺旋传动

在普通螺旋传动中，由于螺杆与螺母牙侧表面之间是滑动摩擦，因此，传动阻力大，摩擦损失严重，效率低。为了改善螺旋传动的性能，可采用滚珠螺旋传动，用滚动摩擦来代替滑动摩擦。

滚珠螺旋传动主要由滚珠、螺杆、螺母及滚珠循环装置组成，如图1—42所示。当螺杆

或螺母转动时，滚珠在螺杆与螺母间的螺纹滚道内滚动，从而提高了传动效率和传动精度。

滚珠螺旋传动具有摩擦阻力小、摩擦损失小、传动效率高、传递运动平稳、运动灵敏等优点。但其结构复杂，外形尺寸较大，制造技术要求高，因此成本也较高。滚珠螺旋传动目前主要应用于精密传动的数控机床，以及自动控制装置、升降机构、精密测量仪器、车辆转向机构等对传动精度要求较高的场合。

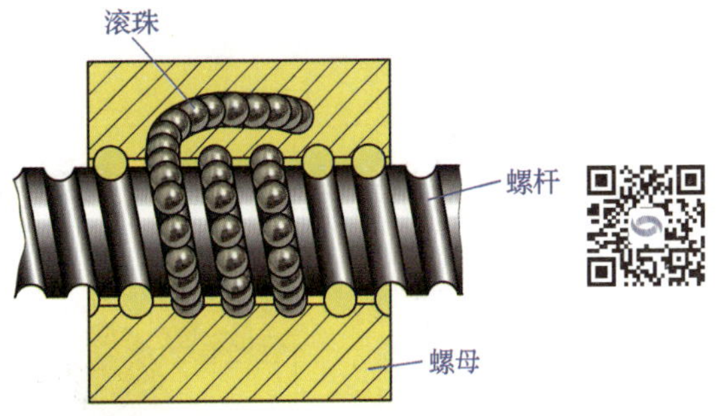

图1—42　滚珠螺旋传动

§1—4　齿轮传动

齿轮传动是机器中传递运动和动力的最主要形式之一。在金属切削机床、工程机械、冶金机械，以及汽车、机械式钟表中都有齿轮传动。齿轮传动是利用齿轮副来传递运动和（或）动力的一种机械传动，可以用来传递空间任意两轴间的运动，而且传动准确可靠，效率高。图1—43所示为机械上最常用的齿轮减速器，它通过小齿轮和大齿轮之间的啮合降低轴的转速。

图1—43　齿轮减速器

一、齿轮传动概述

1. 齿轮传动的常用类型

齿轮传动的常用类型见表1—7。

表1—7　齿轮传动的常用类型

分类方法		类型和图例			
两轴平行	按轮齿方向	类型	直齿圆柱齿轮传动	斜齿圆柱齿轮传动	人字齿圆柱齿轮传动
		图例			

续表

分类方法		类型和图例			
两轴平行	按啮合情况	类型	外啮合齿轮传动	内啮合齿轮传动	齿轮齿条传动
		图例			
两轴不平行		类型	相交轴齿轮传动		交错轴斜齿圆柱齿轮传动
			直齿锥齿轮传动	斜齿锥齿轮传动	
		图例			

2. 齿轮传动的传动比

在某齿轮传动中，主动齿轮的齿数为z_1，从动齿轮的齿数为z_2，主动齿轮每转过一个齿，从动齿轮也转过一个齿。当主动齿轮的转速为n_1、从动齿轮的转速为n_2时，单位时间内主动齿轮转过的齿数n_1z_1与从动齿轮转过的齿数n_2z_2应相等，即：

$$n_1z_1 = n_2z_2$$

得到齿轮传动的传动比：

$$i_{12} = \frac{n_1}{n_2} = \frac{z_2}{z_1}$$

式中　n_1、n_2——主、从动齿轮的转速，r/min；

z_1、z_2——主、从动齿轮的齿数。

上式说明：齿轮传动的传动比是主动齿轮转速与从动齿轮转速之比，也等于两齿轮齿数

之反比。

3. 齿轮传动的应用特点

（1）优点

1）能保证瞬时传动比恒定，工作可靠性高，传递运动准确，这是齿轮传动被广泛应用的最主要原因之一。

2）传递功率和圆周速度范围较宽，传递功率可高达 5×10^4 kW，圆周速度可达300 m/s。

3）结构紧凑，可实现较大的传动比。

4）传动效率高，使用寿命长，维护简便。

（2）缺点

1）运转过程中有振动、冲击和噪声。

2）对齿轮的安装要求较高。

3）不能实现无级变速。

4）不适用于中心距较大的场合。

二、外啮合直齿圆柱齿轮传动

1. 渐开线齿廓

（1）渐开线

如图1—44所示，在某平面上，动直线*AB*沿一固定圆做纯滚动，此动直线*AB*上任意一点*K*的运动轨迹*CD*称为该圆的渐开线，该圆称为渐开线的基圆，其半径（基圆半径）用 r_b 表示，直线*AB*称为渐开线的发生线。

（2）渐开线齿廓的啮合特性

以同一个基圆上产生的两条反向渐开线为齿廓的齿轮就是渐开线齿轮，如图1—45所示。渐开线齿廓啮合时具有以下特性：

1）能保证瞬时传动比的恒定，保证了传动的平稳性，减小了振动和冲击。

2）齿轮在啮合过程中，即使两齿轮的实际中心距与设计的中心距稍有改变，其瞬时传动比仍能保持不变，从而保证了齿轮在实际工作中，因制造、安装误差或轴承磨损而导致齿轮的中心距产生微小改变时，仍能保持良好的传动性能。

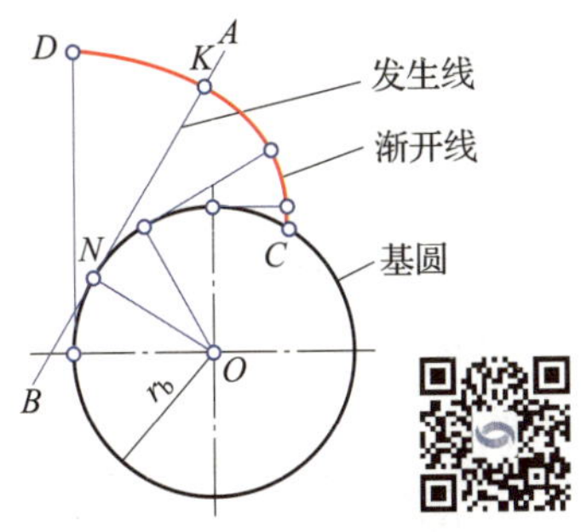

图1—44　渐开线的形成

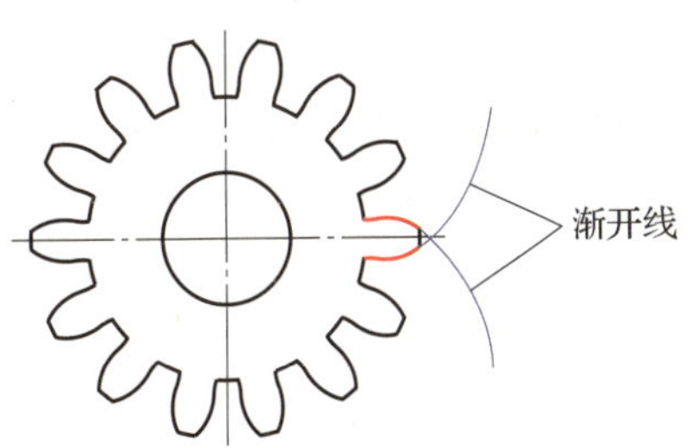

图1—45　渐开线齿廓

2. 渐开线标准直齿圆柱齿轮各部分名称

图1—46所示为渐开线标准直齿圆柱齿轮，其主要几何要素见表1—8。

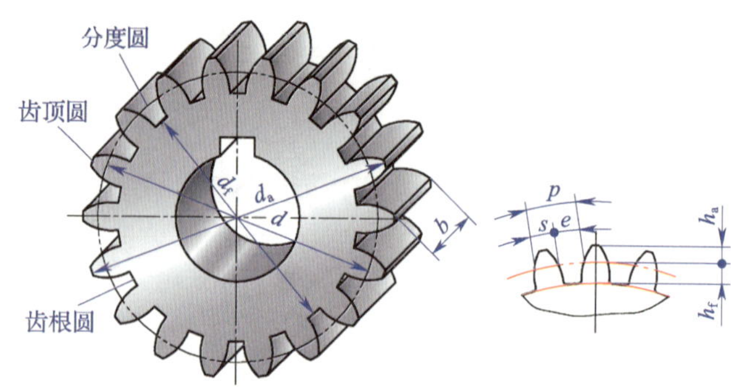

图1—46　渐开线标准直齿圆柱齿轮各部分名称

表1—8　　渐开线标准直齿圆柱齿轮主要几何要素

名称	定　义	代号
齿顶圆	通过轮齿顶部的圆周	d_a
齿根圆	通过轮齿根部的圆周	d_f
分度圆	齿轮上具有标准模数和标准压力角的圆	d
齿厚	在端平面（垂直于齿轮轴线的平面）上，一个齿的两侧端面齿廓之间的分度圆弧长	s
齿槽宽	在端平面上，一个齿槽的两侧端面齿廓之间的分度圆弧长	e
齿距	两个相邻且同侧端面齿廓之间的分度圆弧长	p
齿宽	齿轮的有齿部位沿分度圆柱面直母线方向量取的宽度	b
齿顶高	齿顶圆与分度圆之间的径向距离	h_a
齿根高	齿根圆与分度圆之间的径向距离	h_f
齿高	齿顶圆与齿根圆之间的径向距离	h

3. 渐开线标准直齿圆柱齿轮的基本参数

（1）压力角

在齿轮传动中，齿廓上某点所受正压力的方向（即齿廓上该点法向）与速度方向线之间所夹的锐角称为压力角。如图1—47所示，K点的压力角为α_K。

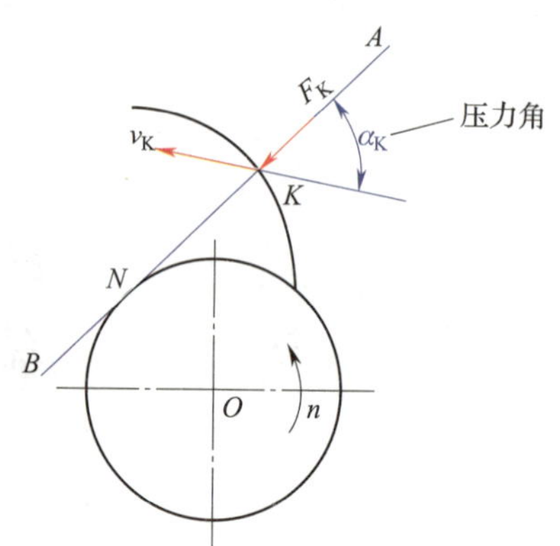

图1—47　齿轮轮齿的压力角

渐开线齿廓上各点的压力角是不相等的，K点离基圆越远，压力角越大，基圆上的压力角为0°。一般情况下所说的齿轮的压力角是指分度圆上的压力角，用α表示。国家标准规定，标准渐开线圆柱齿轮分度圆上的压力角α=20°。

（2）齿数z

齿数z是一个齿轮的轮齿总数。

（3）模数m

齿距p除以圆周率π所得的商称为模数，即$m=p/\pi$，

单位为mm。为了便于齿轮的设计和制造，模数已经标准化，国家标准规定的标准模数值见表1—9。

表1—9　标准模数系列值（摘自GB/T 1357—2008）　mm

第Ⅰ系列	1	1.25	1.5	2	2.5	3	4	5	6
	8	10	12	16	20	25	32	40	50
第Ⅱ系列	1.125	1.375	1.75	2.25	2.75	3.5	4.5	5.5	(6.5)
	7	9	11	14	18	22	28	36	45

注：优先采用第Ⅰ系列的模数。应尽量避免选用第Ⅱ系列中的模数6.5 mm。

4. 外啮合标准直齿圆柱齿轮的几何尺寸计算

外啮合标准直齿圆柱齿轮各部分的尺寸都与模数有一定关系，计算公式见表1—10。

表1—10　外啮合标准直齿圆柱齿轮的几何尺寸计算公式

名　称	代　号	计算公式
压力角	α	标准齿轮为20°
齿数	z	通过传动比计算确定
模数	m	通过计算或结构设计确定
齿厚	s	$s = p/2 = \pi m/2$
齿槽宽	e	$e = p/2 = \pi m/2$
齿距	p	$p=\pi m$
齿顶高	h_a	$h_a=m$
齿根高	h_f	$h_f=1.25m$
齿高	h	$h=h_a+h_f=2.25m$
分度圆直径	d	$d=mz$
齿顶圆直径	d_a	$d_a=d+2h_a=m(z+2)$
齿根圆直径	d_f	$d_f=d-2h_f=m(z-2.5)$
基圆直径	d_b	$d_b=d\cos\alpha$
标准中心距	a	$a=(d_1+d_2)/2=m(z_1+z_2)/2$

例　有一对相啮合的标准直齿圆柱齿轮，齿数$z_1=20$，$z_2=32$，模数$m=10$。试计算其分度圆直径d、齿顶圆直径d_a、齿根圆直径d_f、齿厚s和中心距a。

解　计算结果见表1—11。

表1—11　外啮合标准直齿圆柱齿轮尺寸计算

名称	代号	应用公式	小齿轮（mm）	大齿轮（mm）
分度圆直径	d	$d=mz$	$d_1=10\times20=200$	$d_2=10\times32=320$
齿顶圆直径	d_a	$d_a=m(z+2)$	$d_{a1}=10\times(20+2)=220$	$d_{a2}=10\times(32+2)=340$

续表

名称	代号	应用公式	小齿轮（mm）	大齿轮（mm）
齿根圆直径	d_f	$d_f=m(z-2.5)$	$d_{f1}=10\times(20-2.5)=175$	$d_{f2}=10\times(32-2.5)=295$
齿厚	s	$s=\pi m/2$	$s_1=3.14\times10/2=15.7$	$s_2=3.14\times10/2=15.7$
中心距	a	$a=m(z_1+z_2)/2$	$a=10\times(20+32)/2=260$	

5. 渐开线直齿圆柱齿轮正确啮合的条件

两渐开线直齿圆柱齿轮正确啮合的条件是：

（1）两齿轮的模数必须相等，即 $m_1=m_2$。

（2）两齿轮分度圆上的压力角必须相等，即 $\alpha_1=\alpha_2$。

三、其他齿轮传动简介

1. 内啮合直齿圆柱齿轮传动

图 1—48 所示为内啮合直齿圆柱齿轮，内啮合直齿圆柱齿轮传动如图 1—49 所示。它与外啮合直齿圆柱齿轮相比，具有以下不同点：

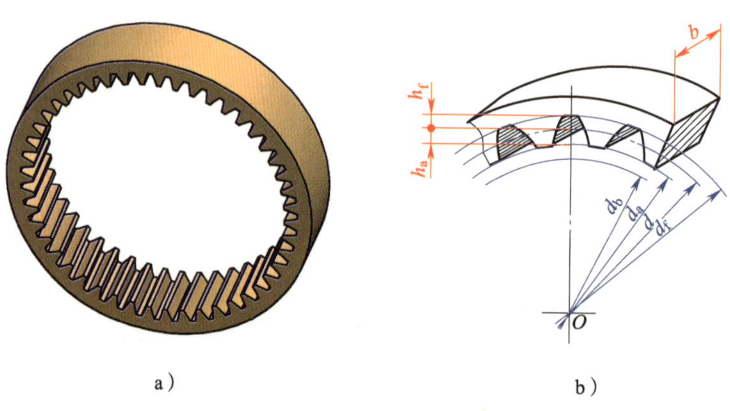

图 1—48　内啮合直齿圆柱齿轮

a）内啮合齿轮　b）内啮合齿轮各部分的名称

（1）内啮合直齿圆柱齿轮的齿顶圆小于分度圆，齿根圆大于分度圆。

（2）内啮合直齿圆柱齿轮的齿廓是内凹的，其齿厚和齿槽宽分别对应于外啮合齿轮的齿槽宽和齿厚。

（3）为使内啮合直齿圆柱齿轮齿顶的齿廓全部为渐开线，其齿顶圆必须大于基圆。

当要求齿轮传动轴平行，回转方向一致，且传动结构紧凑时，可采用内啮合直齿圆柱齿轮传动（图 1—49）。

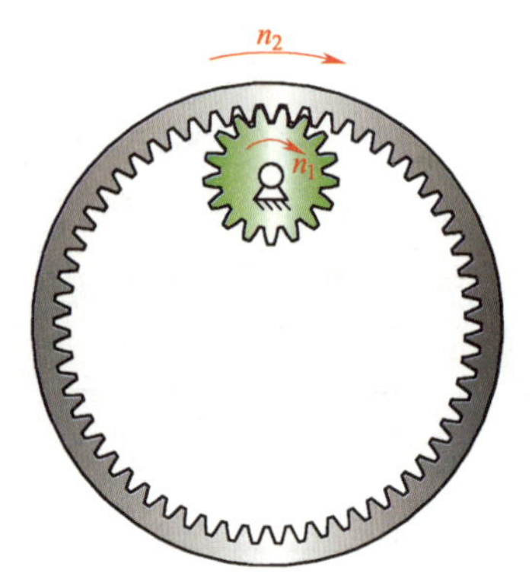

图 1—49　内啮合直齿圆柱齿轮传动

2. 齿轮齿条传动

齿轮齿条传动（图 1—50）是齿轮传动的一种特殊组合方式。齿条就像一个直径无限大的齿轮。齿轮齿条传动

可以将齿轮的回转运动转换为齿条的往复直线运动，或将齿条的往复直线运动转换为齿轮的回转运动。

当齿轮的圆心位于无穷远处时，其上各圆的直径趋向于无穷大，齿轮上的基圆、分度圆、齿顶圆等各圆成为基线、分度线、齿顶线等互相平行的直线，渐开线齿廓也变成直线齿廓，齿轮即演化成为齿条，如图1—51所示。齿条分为直齿条和斜齿条。

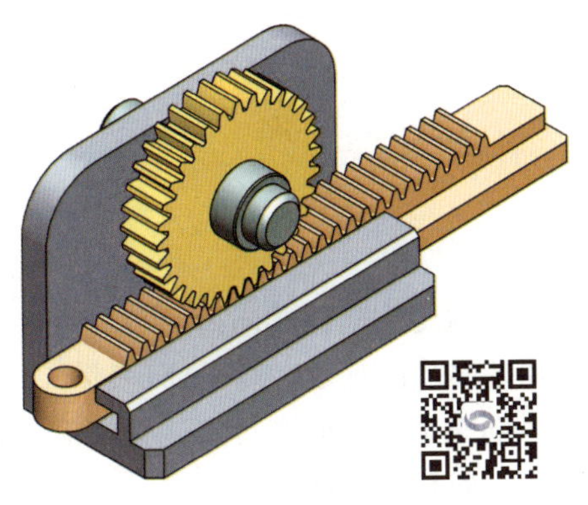

图1—50　齿轮齿条传动

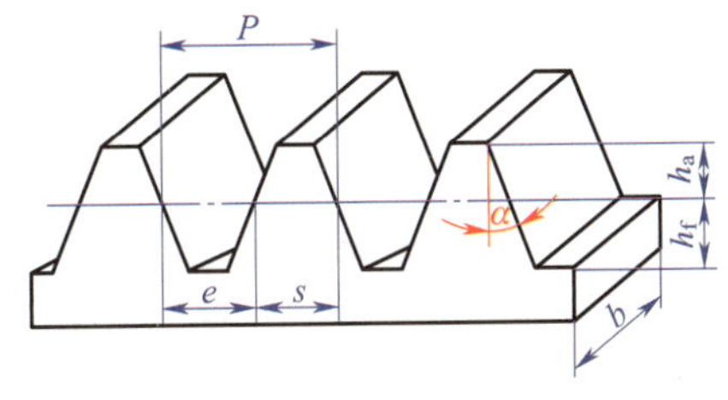

图1—51　齿条

3. 斜齿圆柱齿轮传动

（1）斜齿圆柱齿轮的形成

渐开线直齿圆柱齿轮的齿廓实际上是一个渐开面，它是发生面在基圆柱上做纯滚动时，其上任意一条与基圆柱母线NN'平行的直线KK'的运动轨迹，如图1—52a所示。当一对直齿圆柱齿轮相互啮合时，两轮齿面的接触线是平行于轴线的直线，如图1—52b所示。因而一对直齿圆柱齿轮在啮合时齿廓是同时沿着整个齿宽进入或退出啮合，这样容易引起冲击和振动，传动的平稳性较差，不适宜高速传动。

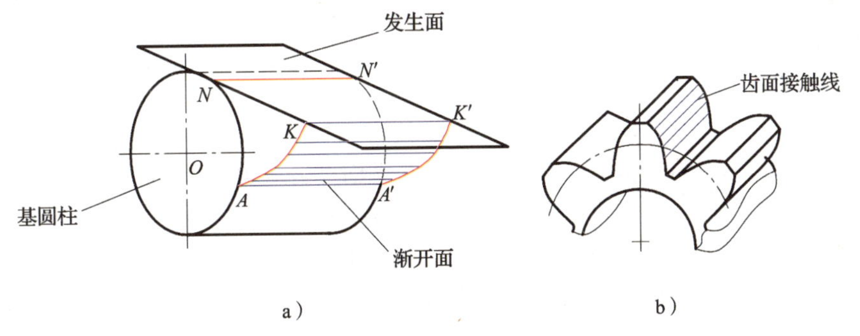

图1—52　直齿圆柱齿轮齿廓的形成

a）齿廓形成　b）齿面接触线

斜齿圆柱齿轮的齿廓面在形成时，发生面上的直线KK'不是与基圆柱母线NN'平行，而是成一个夹角β_b，如图1—53a所示。直线KK'所形成的一个螺旋形的渐开线曲面称为渐开线螺旋面。β_b称为基圆柱上的螺旋角。因此斜齿圆柱齿轮的端面齿廓仍然是渐开线，一对相互啮合的斜齿圆柱齿轮仍然符合渐开线齿廓的啮合特性。

当一对斜齿圆柱齿轮啮合时，两齿轮齿面的接触线是一条与轴线倾斜的直线，且其接触线的长度是变化的，如图1—53b所示。

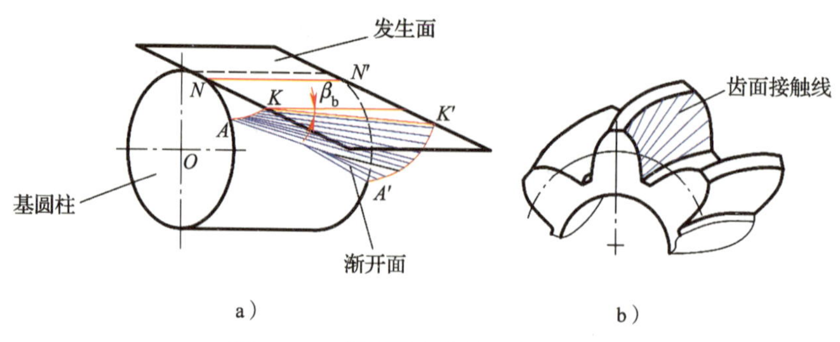

图 1—53　斜齿圆柱齿轮齿廓的形成

a）齿廓形成　b）齿面接触线

（2）斜齿圆柱齿轮的主要参数

由于斜齿圆柱齿轮的齿面是螺旋形的，轮齿在垂直于螺旋方向的法向齿形与端面渐开线齿形不同，所以它有法向几何参数（以下标n表示）和端面几何参数（以下标t表示），两者是不同的。加工斜齿轮时，刀具的切削方向是沿着轮齿的螺旋线方向进行的，斜齿轮传动时的受力方向是轮齿接触处的法面方向，故规定斜齿轮的法向参数为标准值。

1）斜齿圆柱齿轮的螺旋角。斜齿圆柱齿轮与直齿圆柱齿轮一样，也有齿顶圆柱面、齿根圆柱面、分度圆柱面等，它们与齿廓相交的螺旋线的螺旋角是不同的，平时所说的螺旋角均指分度圆柱面上的螺旋角。图 1—54 所示为斜齿圆柱齿轮分度圆柱面的展开图，其螺旋线展开后成为一直线，该直线与轴线的夹角即斜齿圆柱齿轮的螺旋角，用β表示。β越大，轮齿倾斜程度越大，因而传动平稳性越好，但轴向力也越大，所以一般取$\beta = 8° \sim 30°$，常用$\beta=8° \sim 15°$。

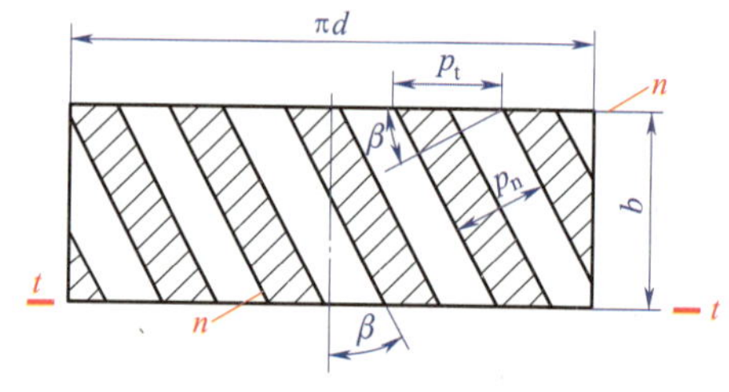

图 1—54　斜齿圆柱齿轮分度圆柱面展开图

2）模数。根据图 1—54 所示几何关系，可知：

$$p_n = p_t\cos\beta$$

式中　p_n、p_t——轮齿的法向齿距和端面齿距。

由于$p_n = \pi m_n$，$p_t = \pi m_t$，故斜齿轮法向模数与端面模数的关系为：

$$m_n = m_t\cos\beta$$

国家标准规定，斜齿圆柱齿轮的法向模数为标准值。

3）压力角。在斜齿圆柱齿轮上法向压力角（α_n）和端面压力角（α_t）是不同的，国家标准规定法向压力角取标准值，即$\alpha_n = 20°$。

4）旋向。斜齿圆柱齿轮轮齿的螺旋方向分为左旋和右旋。其判别方法为：将齿轮轴线竖直放置，轮齿自左至右上升者为右旋，反之为左旋，如图 1—55 所示。

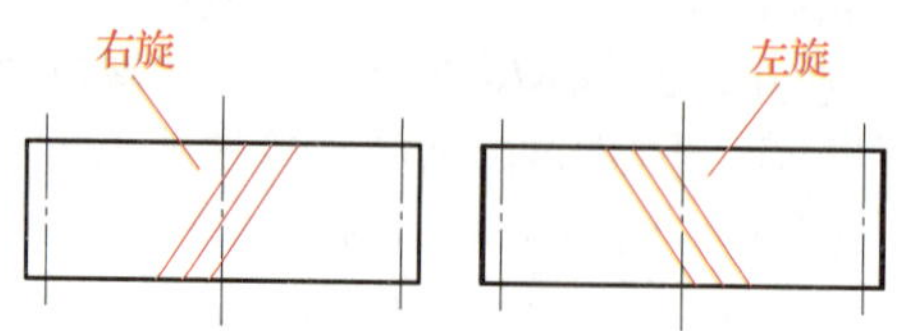

图 1—55　斜齿圆柱齿轮轮齿的螺旋方向判定

（3）斜齿圆柱齿轮的正确啮合条件

一对外啮合斜齿圆柱齿轮用于平行轴传动时的正确啮合条件如下：

1）两齿轮法向模数相等，即 $m_{n1}=m_{n2}=m$。

2）两齿轮法向压力角相等，即 $\alpha_{n1}=\alpha_{n2}=\alpha$。

3）两齿轮螺旋角相等、旋向相反，即 $\beta_1=-\beta_2$。

（4）斜齿圆柱齿轮传动的啮合性能

1）同时啮合的轮齿数量要比直齿圆柱齿轮多，啮合的重合度大，承载能力高，可用于大功率传动。

2）齿廓接触线的长度由零逐渐增长，然后又逐渐缩短，直至脱离接触，从而使轮齿上的载荷逐渐增加，又逐渐卸掉。承载和卸载平稳，冲击、振动和噪声小，可用于高速传动。

3）由于轮齿倾斜，传动中会产生一个有害的轴向力，增大了传动装置的摩擦损失。

4. 直齿锥齿轮传动

锥齿轮的轮齿分布在圆锥面上，有直齿、斜齿和曲线齿三种，其中直齿锥齿轮应用最广，如图1—56所示。

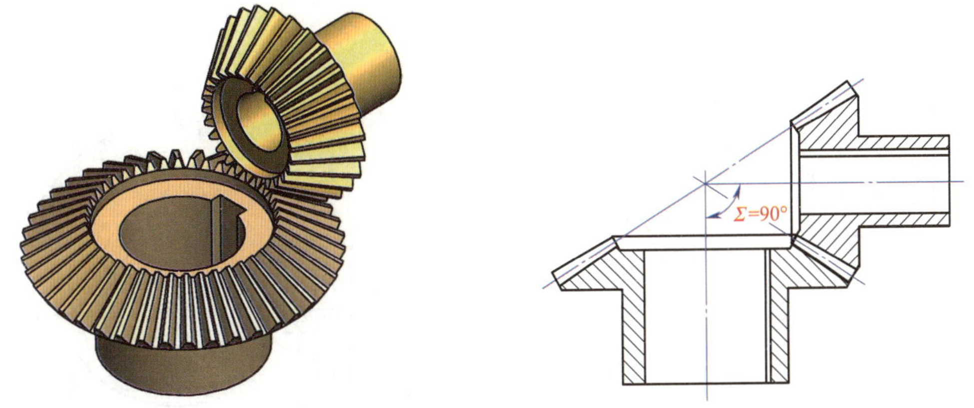

图1—56　直齿锥齿轮传动

直齿锥齿轮用于两轴相交时的传动，两轴间的交角可以任意，在实际应用中多采用两轴互相垂直的传动形式，其结构如图1—56所示。

由于锥齿轮的轮齿分布在圆锥面上，所以轮齿的尺寸沿着齿宽方向变化，大端轮齿的尺寸大，小端轮齿的尺寸小。为了便于测量，并使测量时的相对误差尽量小，规定以大端参数作为标准参数。

为保证正确啮合，直齿锥齿轮传动应满足以下条件：

（1）两齿轮的大端模数相等，即 $m_1=m_2=m$。

（2）两齿轮的压力角相等，即 $\alpha_1=\alpha_2=\alpha$。

四、齿轮的结构、材料和润滑

1. 齿轮的结构

齿轮的常用结构形式有齿轮轴（图1—57）、实体式齿轮（图1—58）、腹板式齿轮（图1—59）、轮辐式齿轮（图1—60）等。

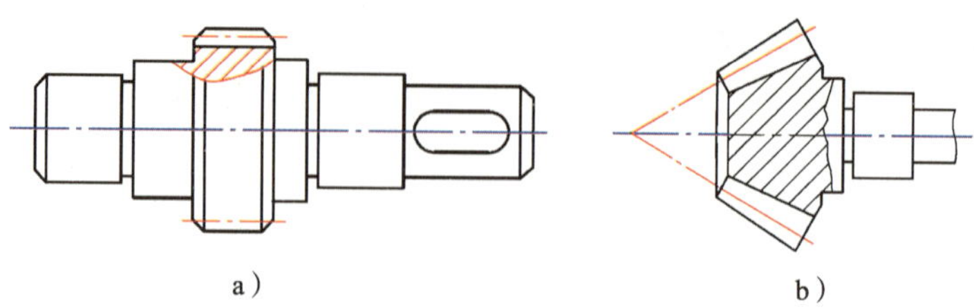

图 1—57　齿轮轴

a）圆柱齿轮　b）锥齿轮

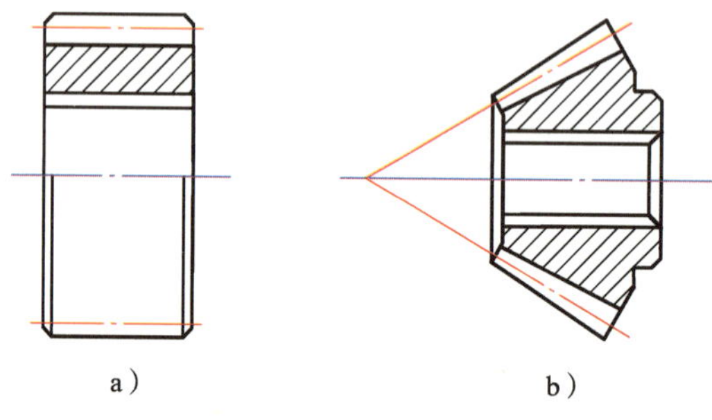

图 1—58　实体式齿轮

a）圆柱齿轮　b）锥齿轮

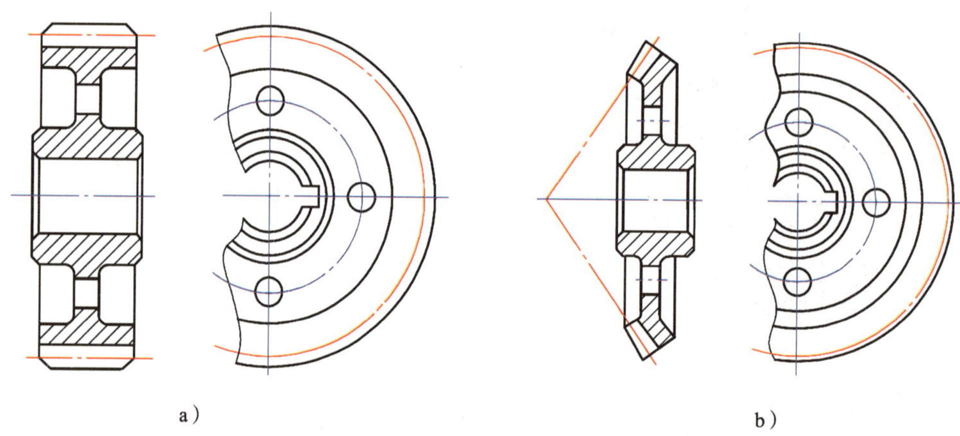

图 1—59　腹板式齿轮

a）圆柱齿轮　b）锥齿轮

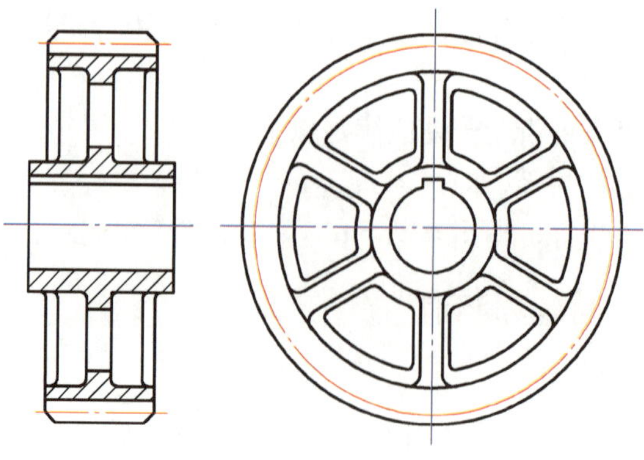

图 1—60　轮辐式齿轮

2. 齿轮常用材料及热处理

对齿轮材料的基本要求是：应使齿面具有足够的硬度和耐磨性，齿心具有足够的韧性以防止轮齿的失效，同时应具有良好的冷、热加工的工艺性，以达到齿轮的各种技术要求。

常用的齿轮材料为优质碳素结构钢、合金结构钢、铸钢、铸铁和非金属材料等，一般多采用锻件或轧制钢材。当齿轮结构尺寸较大，轮坯不易锻造时可采用铸钢。开式低速传动齿轮可采用灰铸铁或球墨铸铁。低速重载的齿轮易产生齿面塑性变形，轮齿也易折断，宜选用综合性能较好的钢材。高速齿轮易产生齿面点蚀，宜选用齿面硬度高的材料。受冲击载荷的齿轮宜选用韧性好的材料。对高速、轻载而又要求低噪声的齿轮传动，也可采用非金属材料，如夹布胶木、尼龙等。

钢制齿轮的热处理方法主要有表面淬火、渗碳、渗氮、调质、正火等。

3. 齿轮传动的润滑

齿轮传动中，由于啮合面的相对滑动，使齿面间产生摩擦和磨损，在高速重载时尤为突出。良好的润滑能起到冷却、防锈、降低噪声、改善齿轮工作状况的作用，从而提高传动效率，延缓轮齿失效，延长齿轮的使用寿命。

开式齿轮传动（传动齿轮没有防尘罩或机壳，齿轮完全暴露在外面）通常采用人工定期润滑，可采用油润滑或脂润滑。

一般闭式齿轮传动（传动齿轮装在经过精确加工而且封闭严密的箱体内）的润滑方式根据齿轮的圆周速度v的大小而定。当$v<12$ m/s时，多采用油池润滑（图1—61a），即大齿轮浸入油池一定深度，齿轮运转时，就把润滑油带到啮合区，同时也甩到箱壁上，借以散热。当$v>12$ m/s时，由于圆周速度大，齿轮搅油剧烈，且黏附在齿面上的油易被甩掉，不能形成合适的润滑油膜，应采用喷油润滑（图1—61b）。

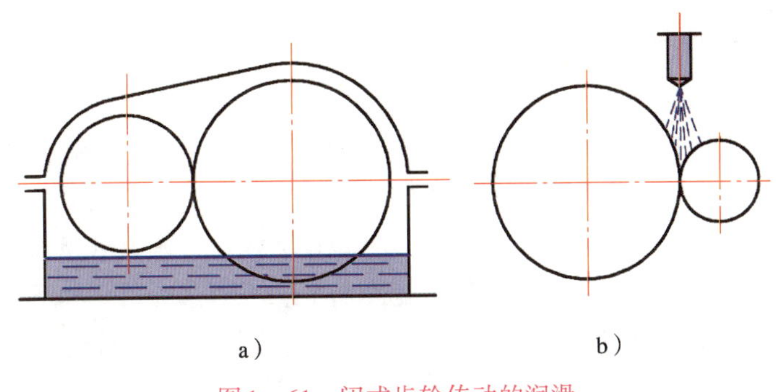

图1—61　闭式齿轮传动的润滑

a）油池润滑　b）喷油润滑

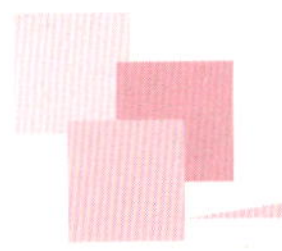

§1—5　蜗轮蜗杆传动

蜗轮蜗杆传动主要用于传递空间垂直交错两轴间的运动和动力。蜗轮蜗杆传动具有传动比大、结构紧凑等优点，广泛应用于机床、汽车、仪器、起重运输机械、冶金机械及其他机械设备中。图1—62所示为蜗轮蜗杆减速器，它采用了蜗轮蜗杆传动，可以实现较大的传动比。

一、蜗轮蜗杆传动概述

蜗轮蜗杆传动是用来传递空间互相垂直而不相交的两轴间的运动或动力的传动机构，如图1—63所示。蜗轮蜗杆传动由蜗杆和蜗轮组成，通常由蜗杆（主动件）带动蜗轮（从动件）转动。

图1—62　蜗轮蜗杆减速器

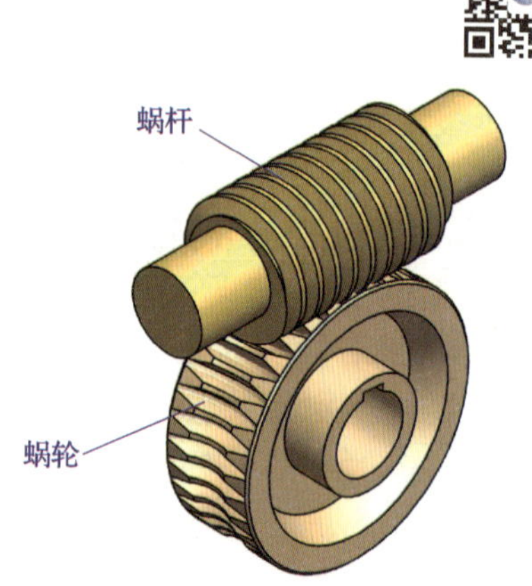

图1—63　蜗轮蜗杆传动

1. 蜗杆

蜗轮蜗杆传动相当于两轴交错成90°的螺旋齿轮传动，只是小齿轮的螺旋角很大，而直径却很小，因而在圆柱面上形成了连续的螺旋面齿，这种只有一个或几个螺旋齿的斜齿轮就是蜗杆。蜗杆的类型很多，如阿基米德蜗杆、法向直廓蜗杆、渐开线蜗杆、锥面包络圆柱蜗杆和圆弧圆柱蜗杆。最常用的蜗杆为阿基米德蜗杆，其形状如图1—64所示。图中*I—I*剖切面通过蜗杆的轴线，称为轴向面；*n—n*剖切面垂直于蜗杆齿廓，称为法向面。阿基米德蜗杆的轴向齿廓为直线，法向齿廓为渐开线。

2. 蜗轮

与蜗杆组成交错轴齿轮副且轮齿沿着齿宽方向呈内凹弧形的斜齿轮称为蜗轮，如图1—65所示。与上述各类蜗杆配对的蜗轮齿廓随蜗杆的齿廓而异，蜗轮一般在滚齿机上用与蜗杆形状和参数相同的滚刀或飞刀加工而成。

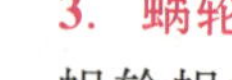

3. 蜗轮蜗杆传动的特点及应用

蜗轮蜗杆传动的主要特点是结构紧凑，工作平稳，无噪声、冲击和振动小，能得到很大的单级传动比。当用来传递动力时，其传动比可为8～80；在分度机构中或仅是传递运动时，其传动比可达1 000或更大。当蜗杆的导程角$\gamma \leqslant 5°$时，蜗轮蜗杆传动可实现自锁。

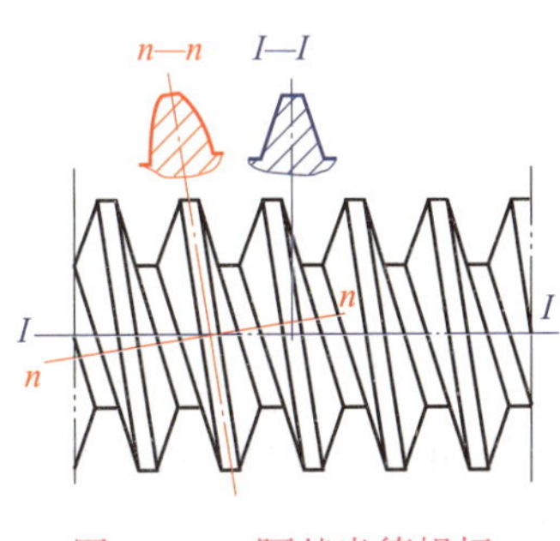

图1—64　阿基米德蜗杆

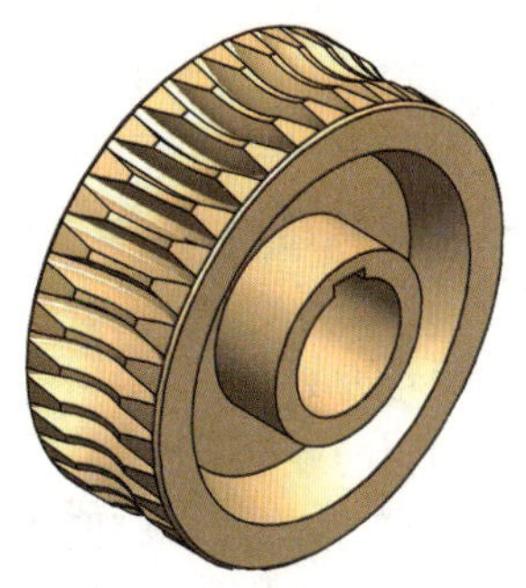

图1—65　蜗轮

由于蜗轮蜗杆传动具有以上特点，故常用于两轴交错、传动比较大、传递功率不太大或间歇工作的场合。由于当γ较小时传动具有自锁性，故常用在卷扬机等起重机械中，起安全保护作用。它还广泛应用在机床、汽车、仪器、冶金机械及其他机器或设备中。

在制造精度和传动比相同的条件下，蜗轮蜗杆传动的效率比齿轮传动低，蜗杆和蜗轮齿间发热量较大，会导致润滑失效，引起磨损加剧。同时，蜗轮一般需用贵重的减摩材料（如青铜）制造。因此，蜗轮蜗杆传动不适用于大功率、长时间工作的场合。

二、蜗轮蜗杆传动的主要参数

在蜗轮蜗杆传动中，其主要参数及几何尺寸计算均以中平面为准。通过蜗杆轴线并与蜗轮轴线垂直的平面称为中平面，如图1—66所示。在此平面内，蜗杆相当于齿条，蜗轮相当于渐开线齿轮，蜗杆与蜗轮的啮合相当于渐开线齿轮与齿条的啮合。国家标准规定，蜗轮和蜗杆都以中平面上的参数为标准参数。

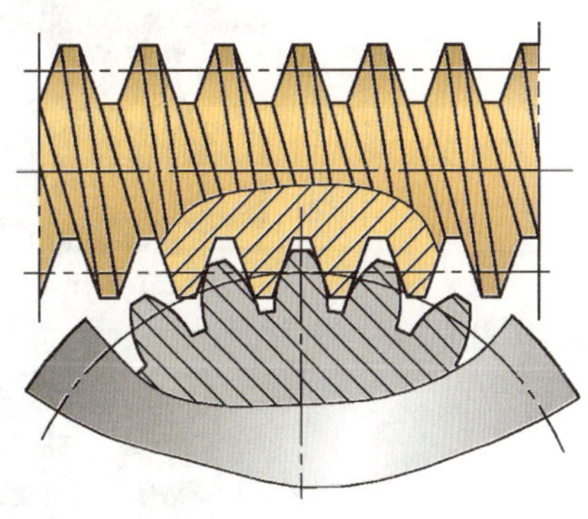

图1—66　蜗轮蜗杆传动中平面

1. 模数m

一对相互啮合的蜗轮蜗杆，蜗杆的轴向模数m_{x1}和蜗轮的端面模数m_{t2}相等，且为标准值，即：

$$m_{x1}=m_{t2}=m$$

2. 压力角α

一对相互啮合的蜗轮蜗杆，蜗杆的轴向压力角α_{x1}和蜗轮的端面压力角α_{t2}相等，且为标准值，即：

$$\alpha_{x1}=\alpha_{t2}=\alpha=20°$$

3. 蜗杆头数z_1与蜗轮齿数z_2

一般推荐选用蜗杆头数z_1=1、2、4、6。蜗杆头数少，则蜗轮蜗杆传动的传动比大，容易自锁，传动效率较低；蜗杆头数越多，传动效率越高，但加工也越困难。

蜗轮齿数z_2可根据蜗杆头数z_1和传动比i来确定，一般推荐z_2=29～80。

4. 蜗轮蜗杆传动的传动比i

蜗轮蜗杆传动的传动比为：

$$i_{12}=\frac{n_1}{n_2}=\frac{z_2}{z_1}$$

式中 n_1——蜗杆转速；

n_2——蜗轮转速；

z_1——蜗杆头数；

z_2——蜗轮齿数。

5. 蜗杆蜗轮的旋向

蜗杆的旋向有左旋和右旋两种，同样，蜗轮也有左旋和右旋之分。在蜗轮蜗杆传动中，蜗轮、蜗杆齿的旋向应一致，即同为左旋或右旋。

三、蜗轮回转方向的判定

蜗轮的回转方向取决于蜗杆齿的旋向和蜗杆的回转方向，可用左（右）手定则来判定，见表1—12。

表1—12 蜗轮、蜗杆齿的旋向及蜗轮回转方向的判定方法

要　求	图　例	判定方法
判断蜗杆或蜗轮齿的旋向	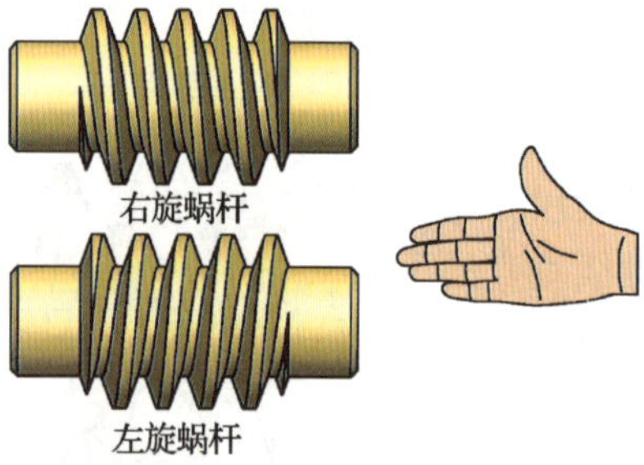 右旋蜗杆 左旋蜗杆 右旋蜗轮　左旋蜗轮	右手定则： 手心对着自己，四指顺着蜗杆或蜗轮轴线方向摆正，若齿向与右手拇指指向一致，则该蜗杆或蜗轮为右旋，反之则为左旋
判断蜗轮的回转方向	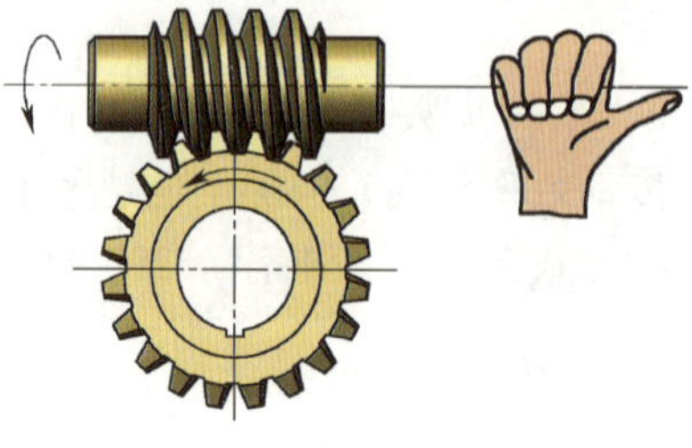	左（右）手定则： 左旋蜗杆用左手，右旋蜗杆用右手，四指弯曲与蜗杆的回转方向相同，拇指伸直代表蜗杆轴线，则拇指所指方向的相反方向即为蜗轮上啮合点的线速度方向

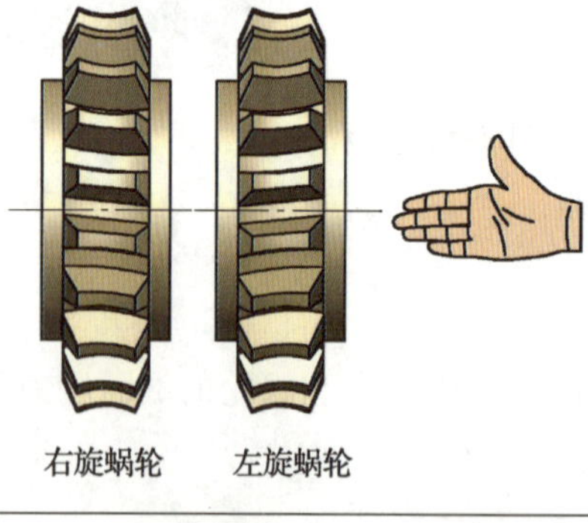

续表

要　求	图　例	判定方法
判断蜗轮的回转方向		

四、蜗轮蜗杆的结构、材料及润滑

1. 蜗轮蜗杆的结构

（1）蜗杆结构

蜗杆通常与轴合为一体，结构如图1—67所示。

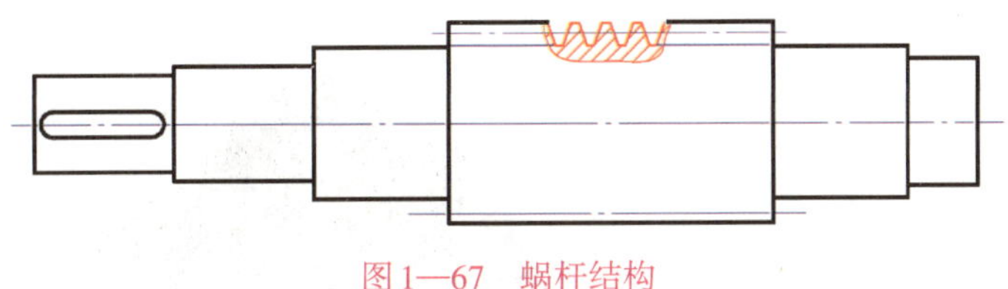

图1—67　蜗杆结构

（2）蜗轮结构

蜗轮常采用组合结构，连接方式有铸造连接、过盈配合连接和螺栓连接，结构如图1—68所示。

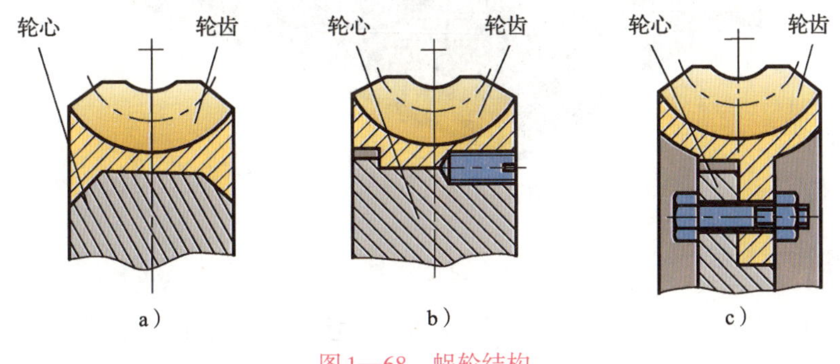

图1—68　蜗轮结构

a）铸造连接　b）过盈配合连接　c）螺栓连接

2. 蜗轮和蜗杆的常用材料

蜗杆材料选用：高速、重载时常选用15Cr、20Cr并进行渗碳、淬火，或选用45钢、40Cr并进行淬火；低速、轻载时选用45钢并进行调质处理。

蜗轮的轮齿常用铸造锡青铜、铸造铝青铜和灰铸铁等，轮心可采用灰铸铁或45钢等。

3. 蜗轮蜗杆传动的润滑

润滑对蜗轮蜗杆传动具有特别重要的意义。由于蜗轮蜗杆传动摩擦产生的热量较大，所以要求工作时有良好的润滑条件。润滑的主要目的是减摩与散热，以提高蜗轮蜗杆传动的效率，防止胶合及减少磨损。蜗轮蜗杆传动的润滑方式主要有油池润滑和喷油润滑。

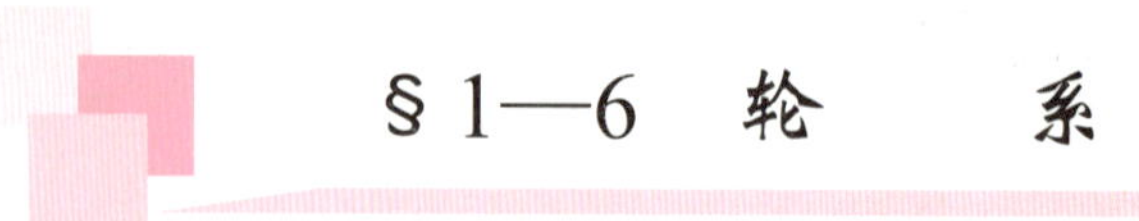

§1—6 轮 系

在机械传动中，仅仅依靠一对齿轮传动往往是不够的。例如，在各种机床中需要把电动机的高转速变成主轴的低转速，或将一种转速变为多级转速；在汽车动力系统中，需要把发动机的一种转速转变为多种转速。这些都要依靠一系列彼此相互啮合的齿轮所组成的齿轮机构来实现。这种为了满足机器的功能要求和实际工作需要，所采用的多对相互啮合齿轮组成的传动系统称为轮系。图1—69所示为三级齿轮减速器，它由一对直齿锥齿轮和两对直齿圆柱齿轮组成。动力由左侧安装小锥齿轮的轴输入，由右侧安装大齿轮的轴输出。

图1—69 三级齿轮减速器

一、轮系的分类

轮系的形式有很多，按照轮系传动时各齿轮的轴线位置是否固定分为定轴轮系、周转轮系和混合轮系三大类。

1. 定轴轮系

当轮系运转时，各齿轮的几何轴线位置均相对固定不变，这种轮系称为定轴轮系，也称为普通轮系，如图1—70所示。

2. 周转轮系

轮系运转时，至少有一个齿轮的几何轴线的位置是不固定的，并且绕另一个齿轮的固定轴线转动，这种轮系称为周转轮系。如图1—71所示，齿轮3一方面绕自身轴线O_1回转，另一方面又绕固定轴线O回转。

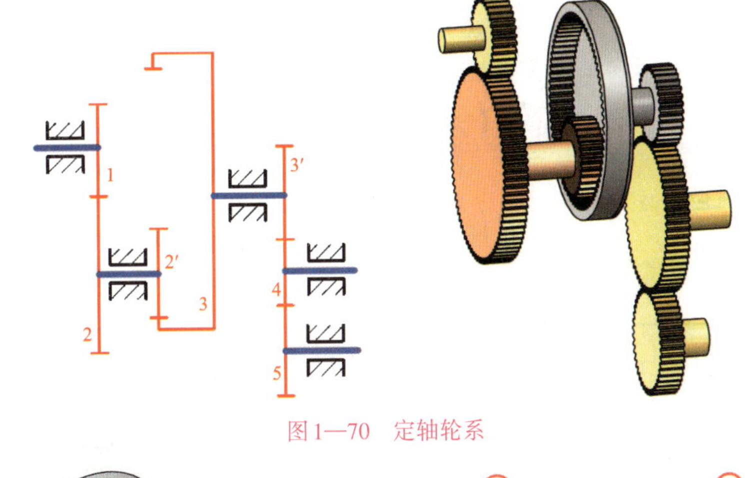

图1—70　定轴轮系

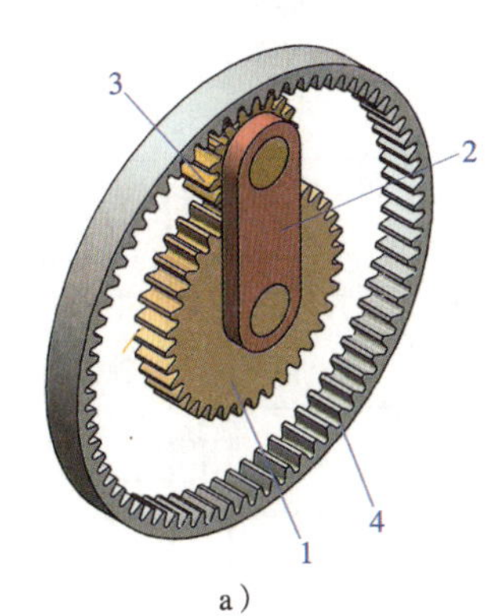

a）

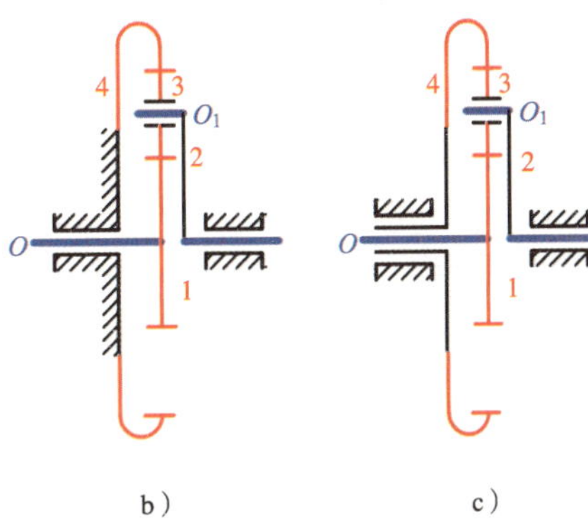

b）　　c）

图1—71　周转轮系

a）立体图　b）行星轮系　c）差动轮系

1—太阳轮　2—行星架　3—行星齿轮　4—内齿圈

周转轮系由太阳轮、内齿圈、行星齿轮和行星架组成。处于中心位置的外齿轮称为太阳轮，处于最外面的内齿轮称为内齿圈，它们统称为中心轮。安装在行星架上的惰轮称为行星齿轮，支承行星齿轮的与太阳轮同轴线的构件称为行星架。

周转轮系分为行星轮系与差动轮系两种。有一个中心轮的转速为零的周转轮系称为行星轮系（图1—71b）；中心轮的转速都不为零的周转轮系称为差动轮系（图1—71c）。

3. 混合轮系

在轮系中，既有定轴轮系又有行星轮系的轮系称为混合轮系，如图1—72所示。

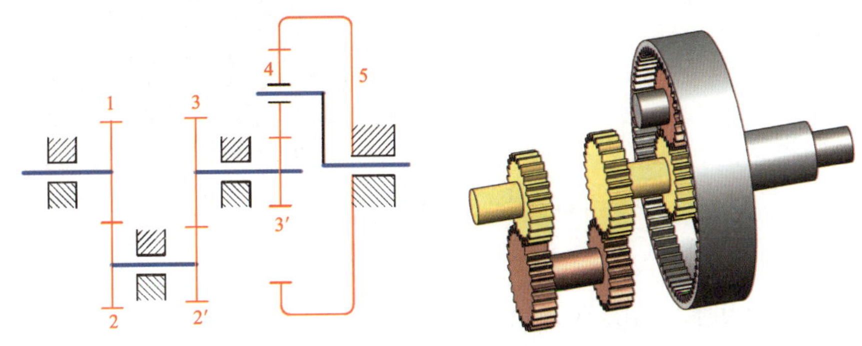

图1—72　混合轮系

【知识链接】

齿轮在轴上的固定方式

齿轮在轴上的固定方式有三种，分别是齿轮与轴固连为一体、齿轮与轴空套和齿轮在轴上滑移，见表1—13。

表1—13　　齿轮在轴上的固定方式

齿轮与轴之间的关系	结构简图	
齿轮与轴之间固连：齿轮与轴固定为一体，齿轮与轴一同转动，齿轮不能沿轴向移动	单一齿轮与轴固定	双联齿轮与轴固定
齿轮与轴之间空套：齿轮空套在轴上，齿轮与轴可以各自转动，互不影响。齿轮不能沿轴向移动	单一齿轮与轴空套	双联齿轮与轴空套
齿轮与轴之间滑移：齿轮与轴周向固定，齿轮与轴一同转动，但齿轮可沿轴向滑移，这种齿轮又称为滑移齿轮	单一齿轮进行轴向滑移	双联齿轮进行轴向滑移

二、轮系的应用特点

1. 可获得很大的传动比

当两轴之间的传动比较大时，若仅用一对齿轮传动，则两个齿轮的齿数差一定很大，导致小齿轮磨损加快。又因为大齿轮齿数太多，使得齿轮传动结构尺寸增大。为此，一对齿轮传动的传动比不能过大（一般$i_{12}=3\sim5$，$i_{max}\leqslant8$）。而采用轮系传动，可以获得很大的传动比，以满足低速工作的要求。如图1—73所示，$i_{13}=i_{12}\times i_{23}$。

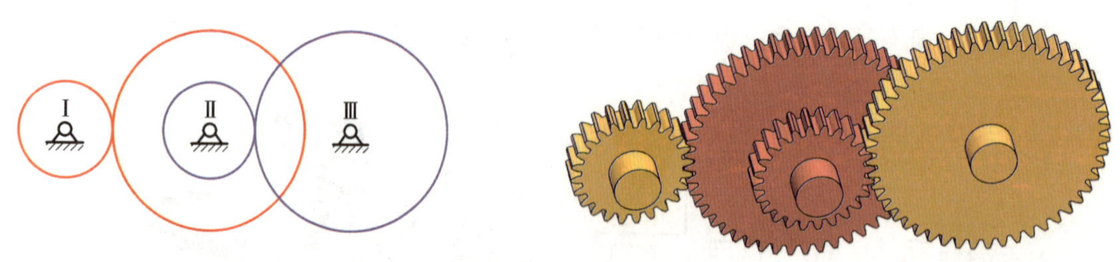

图1—73　采用轮系获得很大的传动比

2. 可做较远距离的传动

当两轴中心距较大时，如用一对齿轮传动，则两齿轮结构尺寸必然很大，导致传动机构庞大。而采用轮系传动，可使结构紧凑，缩小传动装置占用的空间，节约材料，如图1—74所示。

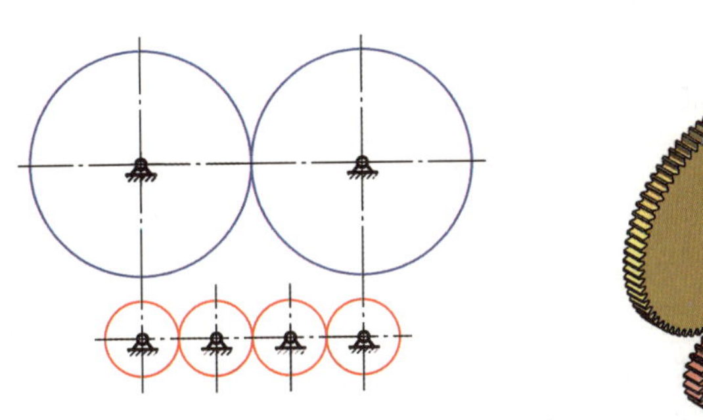

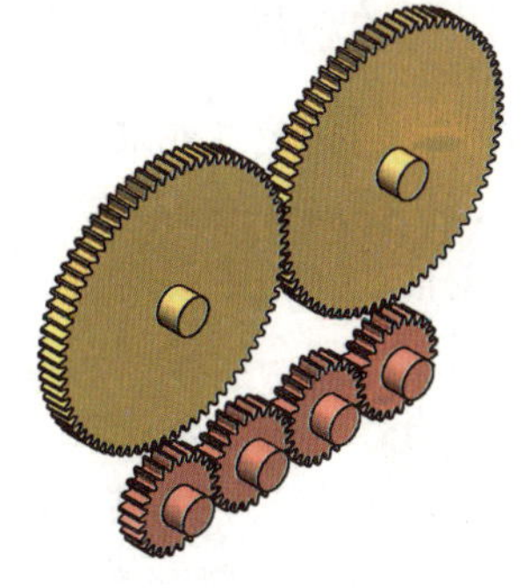

图1—74　远距离传动

3. 可以方便地实现变速要求

如图1—75所示，齿轮1、2是双联滑移齿轮，可在轴Ⅰ上滑移。当齿轮1和齿轮3啮合时，轴Ⅱ获得一种转速；当双联滑移齿轮右移，使齿轮2和齿轮4啮合时，轴Ⅱ获得另一种转速（齿轮1、3和齿轮2、4传动比不同）。

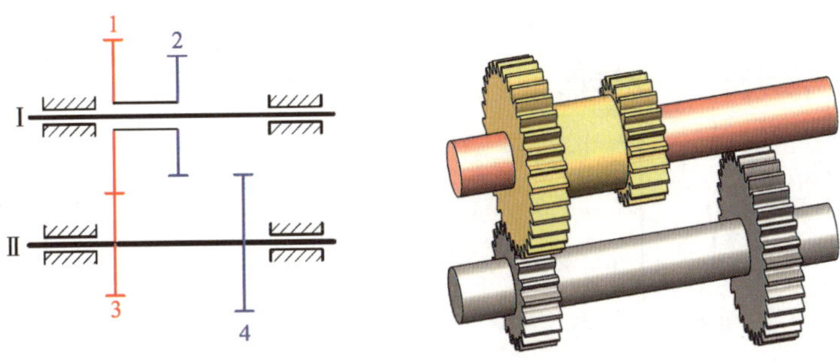

图1—75　滑移齿轮变速机构

4. 可以方便地实现变向要求

如图1—76a所示，当齿轮1（主动齿轮）与齿轮3（从动齿轮）直接啮合时，齿轮3和齿轮1的转向相反。若在两轮之间增加一个齿轮2，如图1—76b所示，则齿轮3和齿轮1的转向相同。因此，利用中间齿轮（也称惰轮）可以改变从动齿轮的转向。

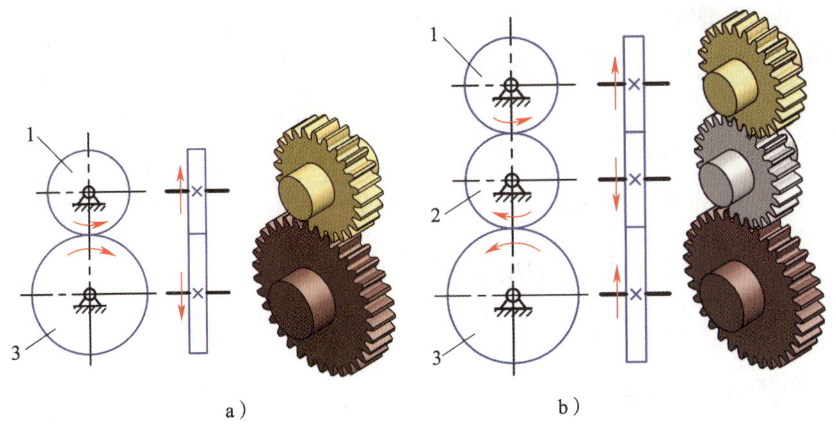

图1—76　利用中间齿轮变向机构

a）从动齿轮与主动齿轮转向相反　b）中间齿轮改变从动齿轮转向

三、定轴轮系中各轮转向的判断

在定轴轮系中，当首轮（或末轮）的转向为已知时，其末轮（或首轮）的转向也就确定了，齿轮转向可以用标注箭头的方法表示，如图1—77所示。

轮系中各齿轮轴线互相平行时，其任意级从动齿轮的转向可以通过在图上依次标注箭头来确定，也可以通过外啮合齿轮的对数来确定。若外啮合齿轮的对数是偶数，则首轮与末轮的转向相同；若为奇数，则转向相反。如图1—77所示，齿轮传动装置中共有两对外啮合齿轮（齿轮1与齿轮2、齿轮3′与齿轮4），故齿轮1和齿轮5的转向相同。

若轮系中含有锥齿轮、蜗轮蜗杆或齿轮齿条时，只能用标注箭头的方法表示转向，如图1—78所示。

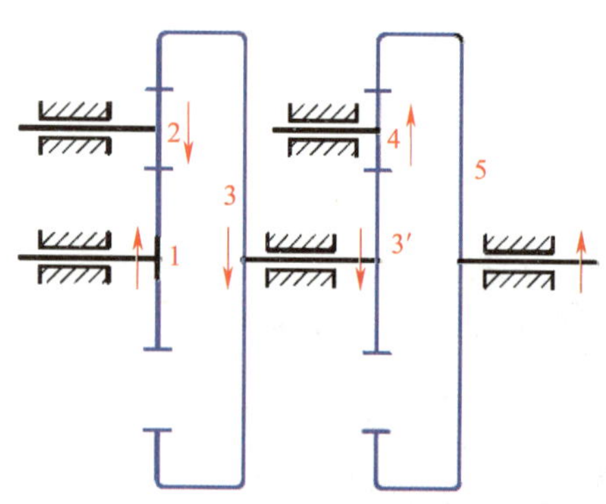

图1—77　轮系中各齿轮的转向判定（一）

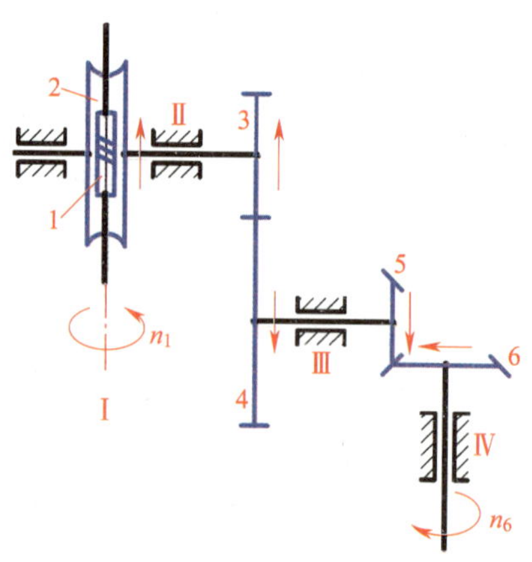

图1—78　轮系中各齿轮的转向判定（二）

四、定轴轮系的传动比

1. 传动路线分析

不论轮系有多复杂，都应从输入轴（首轮转速n_1）至输出轴（末轮转速n_k）的传动路线入手进行分析。

图1—79所示为一个两级齿轮传动装置，运动和动力是由轴Ⅰ经轴Ⅱ传到轴Ⅲ的。

例　分析图1—80所示轮系的传动路线，并判断轴Ⅵ的旋向。

解　该轮系的传动路线为：

$$n_1 \rightarrow \text{Ⅰ} \rightarrow \frac{z_1}{z_2} \rightarrow \text{Ⅱ} \rightarrow \frac{z_3}{z_4} \rightarrow \text{Ⅲ} \rightarrow \frac{z_5}{z_6} \rightarrow \text{Ⅳ} \rightarrow \frac{z_7}{z_8} \rightarrow \text{Ⅴ} \rightarrow \frac{z_8}{z_9} \rightarrow \text{Ⅵ} \rightarrow n_9$$

该轮系中含有锥齿轮，所以只能用标注箭头的方法判断轴Ⅵ的旋向，如图1—81所示。

2. 传动比计算

如图1—79所示，两级齿轮传动装置中，轴Ⅰ为动力输入轴，轴Ⅲ为动力输出轴。首轮1的转速为n_1，末轮4的转速为n_4，轴Ⅰ、轴Ⅱ、轴Ⅲ的轴线位置在传动中保持固

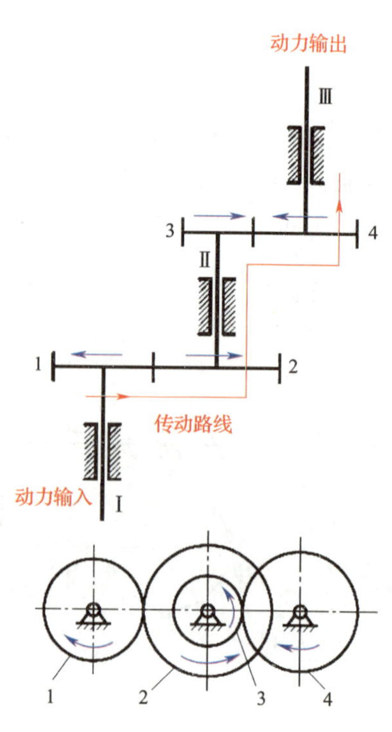

图1—79　两级齿轮传动装置

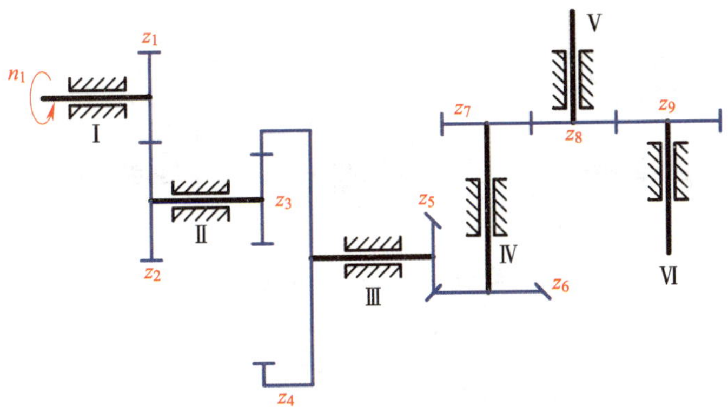

图1—80　轮系

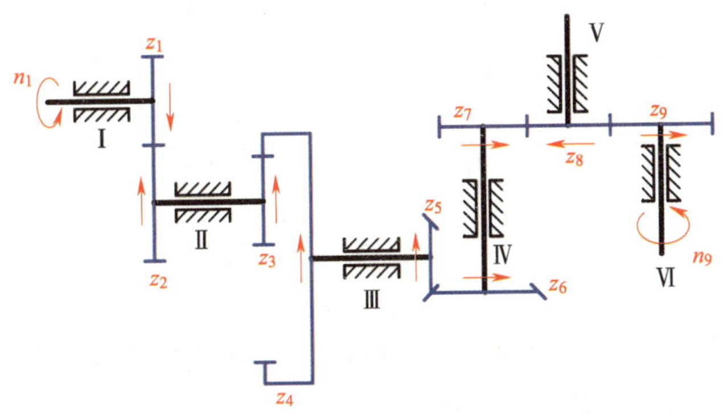

图1—81　轮系旋向判别

定不变，轴Ⅰ与轴Ⅲ的传动比，即主动齿轮1与从动齿轮4的传动比，称为该定轴轮系的总传动比$i_总$。

$$i_总=\frac{n_1}{n_4}$$

轮系的传动比等于首轮与末轮的转速之比。

因为$n_2=n_3$，所以得

$$i_总=\frac{n_1}{n_4}=\frac{n_1}{n_2}\cdot\frac{n_3}{n_4}=i_{12}i_{34}=\frac{z_2z_4}{z_1z_3}$$

式中　i_{12}——齿轮z_1和齿轮z_2之间的传动比；

i_{34}——齿轮z_3和齿轮z_4之间的传动比。

该式说明轮系的传动比等于轮系中所有从动齿轮齿数的连乘积与所有主动齿轮齿数的连乘积之比。

由此得出结论：在定轴轮系中，若用1表示首轮，用k表示末轮，齿轮外啮合的次数为m，则其总传动比为：

$$i_总=i_{1k}=(-1)^m\frac{各级齿轮副中从动齿轮齿数的连乘积}{各级齿轮副中主动齿轮齿数的连乘积}$$

在上式中，当i_{1k}为正值时，表示首轮与末轮转向相同；反之，表示转向相反。

例　如图1—82所示轮系，已知各齿轮齿数及n_1转向，求i_{19}，并判定轴Ⅵ转向。

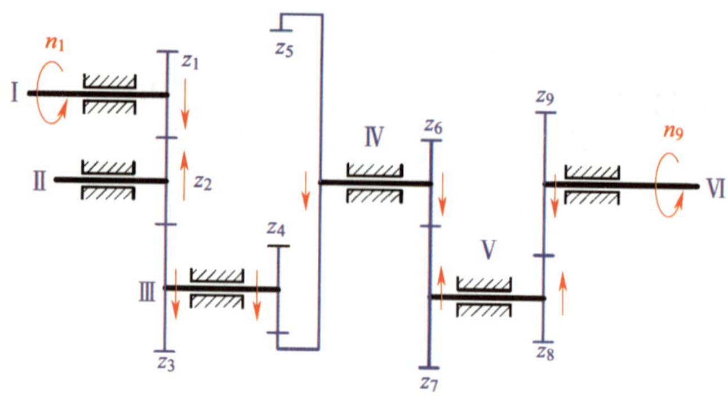

图 1—82　定轴轮系传动比计算

解　因为轮系传动比 i 总等于各级齿轮副传动比的连乘积，所以

$$i_{19}=i_{12}i_{23}i_{45}i_{67}i_{89}=\frac{n_1}{n_2}\cdot\frac{n_2}{n_3}\cdot\frac{n_4}{n_5}\cdot\frac{n_6}{n_7}\cdot\frac{n_8}{n_9}$$

$$=\left(-\frac{z_2}{z_1}\right)\left(-\frac{z_3}{z_2}\right)\left(+\frac{z_5}{z_4}\right)\left(-\frac{z_7}{z_6}\right)\left(-\frac{z_9}{z_8}\right)$$

即

$$i_{19}=(-1)^4\frac{z_2}{z_1}\cdot\frac{z_3}{z_2}\cdot\frac{z_5}{z_4}\cdot\frac{z_7}{z_6}\cdot\frac{z_9}{z_8}$$

i_{19} 为正值，说明定轴轮系中主动齿轮（首轮）1 与末端齿轮（输出轮）9 转向相同。转向也可以通过在图上依次标注箭头来确定。

例　如图 1—83 所示，已知 z_1=24，z_2=28，z_3=20，z_4=60，z_5=20，z_6=20，z_7=28，齿轮 1 为主动件。分析该轮系的传动路线，并求传动比 i_{17}；若齿轮 1 转向已知，试判定齿轮 7 的转向。

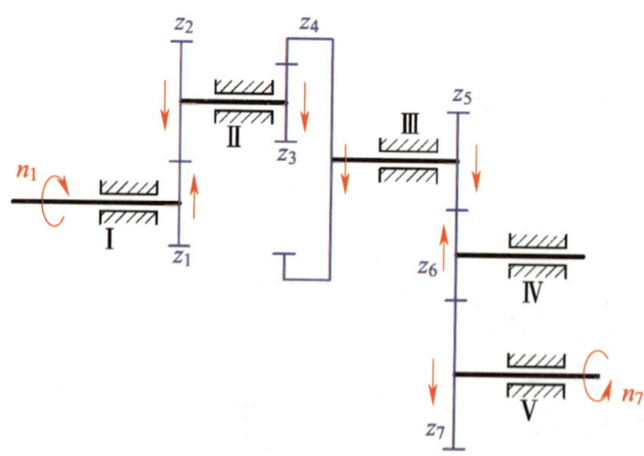

图 1—83　定轴轮系

解

（1）分析该轮系的传动路线

该轮系的传动路线为：

$$n_1\rightarrow \text{I}\xrightarrow[z_2]{z_1}\text{II}\xrightarrow[z_4]{z_3}\text{III}\xrightarrow[z_6]{z_5}\text{IV}\xrightarrow[z_7]{z_6}\text{V}\rightarrow n_7$$

（2）计算传动比i_{17}

根据公式可得

$$i_{17}=\frac{n_1}{n_7}=\left(-\frac{z_2}{z_1}\right)\left(+\frac{z_4}{z_3}\right)\left(-\frac{z_6}{z_5}\right)\left(-\frac{z_7}{z_6}\right)$$

$$=-\frac{28\times60\times20\times28}{24\times20\times20\times20}=-4.9$$

结果为负值，说明从动轮7与主动轮1转向相反。各轮转向如图1—83中箭头所示。

第2章 常用机构

§2—1 平面连杆机构

平面连杆机构是指由一些刚性构件用转动副或移动副相互连接而成，在同一平面或相互平行的平面内运动的机构。平面连杆机构在生产和生活中广泛用于动力的传递或改变运动形式，图2—1所示为港口用门座式起重机，它利用平面连杆机构实现货物的水平移动。

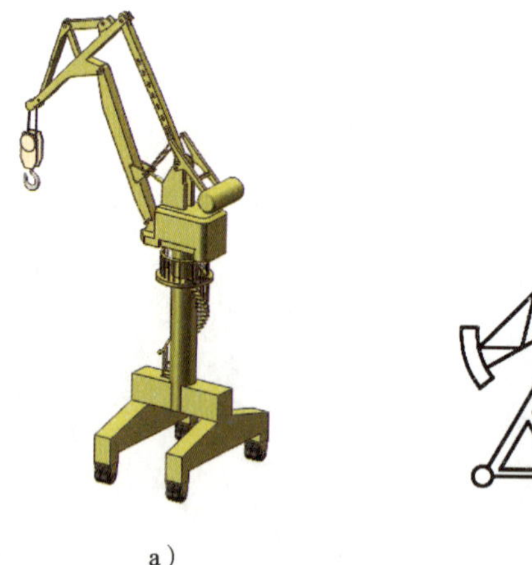

a）

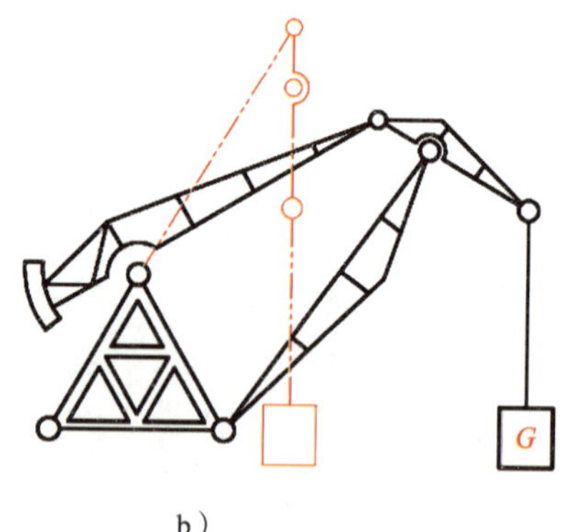

b）

图2—1 门座式起重机

a）实体图 b）起重机构的结构简图

平面连杆机构构件的形状多种多样，不一定为杆状，但从运动原理来看，均可用等效的杆状构件替代，图2—2所示为门座式起重机起重机构的机构运动简图。

一、铰链四杆机构的组成

最常用的平面连杆机构是具有四个构件（包括机架）的机构，称为四杆机构。构件间以

四个转动副相连的平面四杆机构称为平面铰链四杆机构，简称铰链四杆机构。如图2—3所示，在铰链四杆机构中，固定不动的构件4称为机架，不与机架直接相连的构件2称为连杆，与机架相连的构件1、构件3称为连架杆。能绕固定轴做整周旋转运动的连架杆称为曲柄，能绕固定轴在一定角度（小于180°）范围内摆动的连架杆称为摇杆。

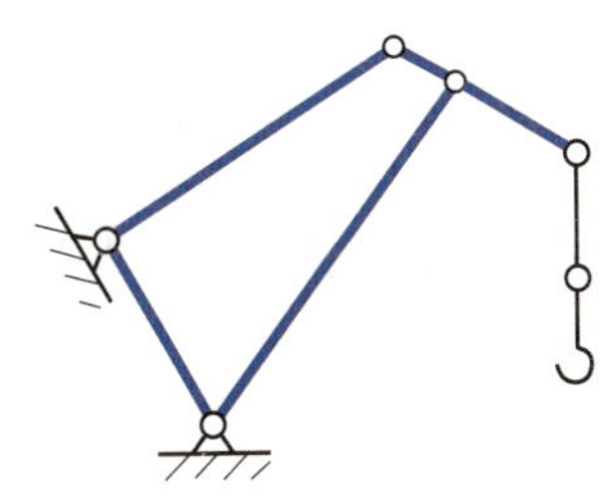

图2—2　门座式起重机起重机构的机构运动简图

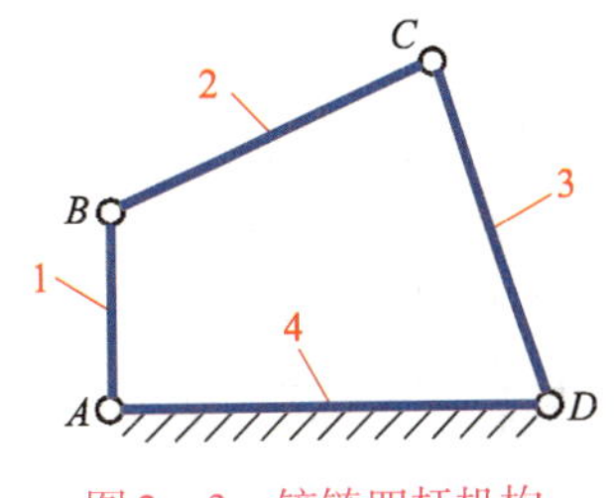

图2—3　铰链四杆机构

1、3—连架杆　2—连杆　4—机架

二、铰链四杆机构的类型

铰链四杆机构按两连架杆的运动形式不同，分为曲柄摇杆机构、双曲柄机构和双摇杆机构三种基本类型。

1. 曲柄摇杆机构

铰链四杆机构的两个连架杆中，其中一个是曲柄、另一个是摇杆的称为曲柄摇杆机构。图2—4所示为以*AB*为曲柄、*CD*为摇杆的曲柄摇杆机构。

曲柄摇杆机构的应用十分广泛，图2—5所示为汽车玻璃窗刮水器，当电动机带动主动曲柄*AB*回转时，从动摇杆*CD*做往复摆动，利用摇杆的延长部分实现刮水动作。

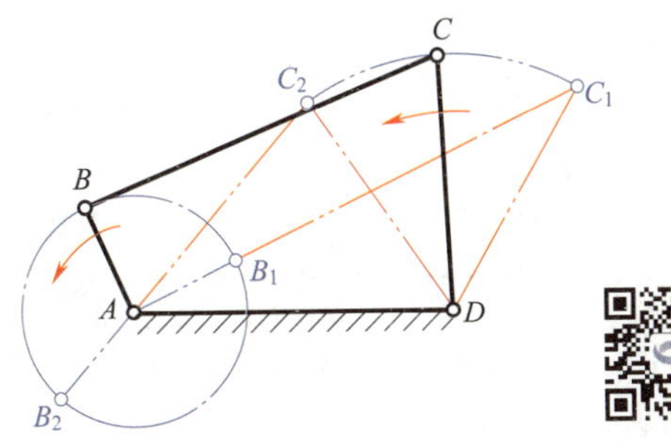

图2—4　曲柄摇杆机构

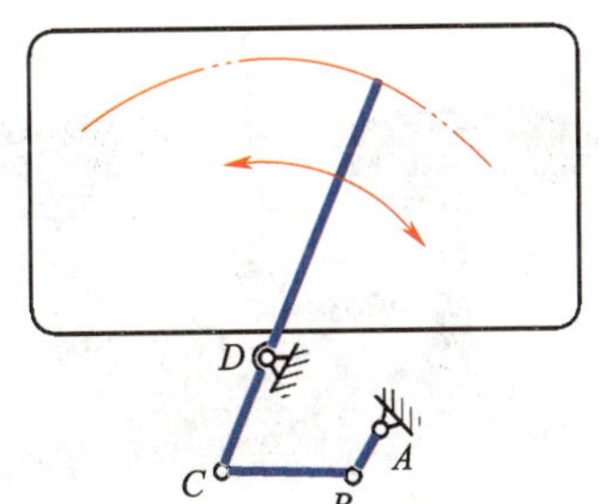

图2—5　刮水器

2. 双曲柄机构

铰链四杆机构中两连架杆均为曲柄的称为双曲柄机构。常见的双曲柄机构类型有不等长双曲柄机构和平行双曲柄机构等。

（1）不等长双曲柄机构

两曲柄长度不等的双曲柄机构称为不等长双曲柄机构，如图2—6所示。双曲柄机构中，通常主动曲柄做等速转动，从动曲柄做变速转动。

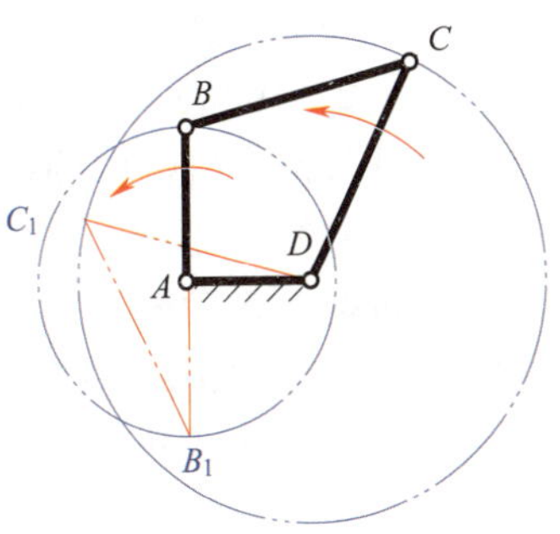

图2—6　不等长双曲柄机构

图2—7所示的惯性筛是双曲柄机构在生产实践中的典型例子。主动曲柄*AB*做匀速转动，从动曲柄*CD*做变速转动，通过构件*CE*使筛子产生变速直线运动，筛子内的物料因惯性而来回做往复抖动，从而达到筛分物料的目的。

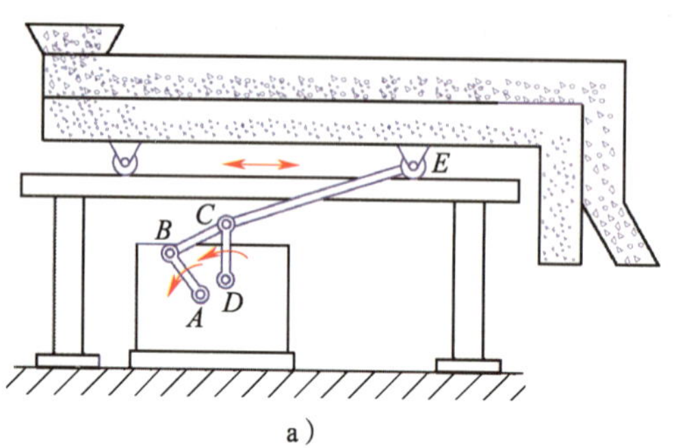

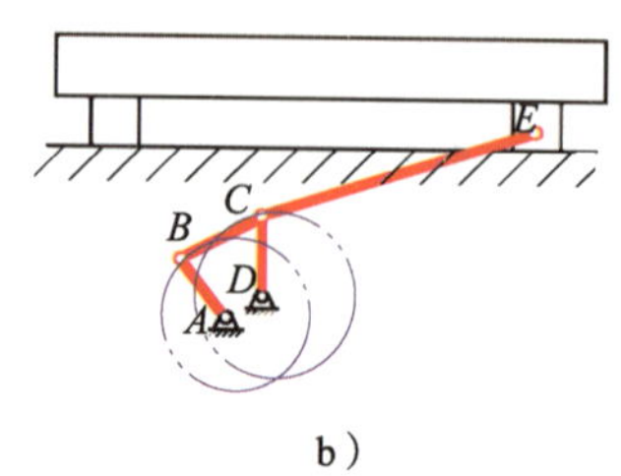

图2—7　惯性筛

a）示意图　b）运动简图

（2）平行双曲柄机构

连杆与机架的长度相等且两曲柄长度相等、曲柄转向相同的双曲柄机构称为平行双曲柄机构，如图2—8所示。平行双曲柄机构的四个构件在任何位置均形成平行四边形，两曲柄的旋转方向与角速度恒相等。该机构的应用比较广泛，图2—9所示为托盘天平，它利用了平行双曲柄机构中两曲柄的转向和旋转角度均相同的特性，托盘天平由两组对边等长的杆组成，*A*、*D*为固定点，*CB*与*C′B′*始终保持铅垂位置。

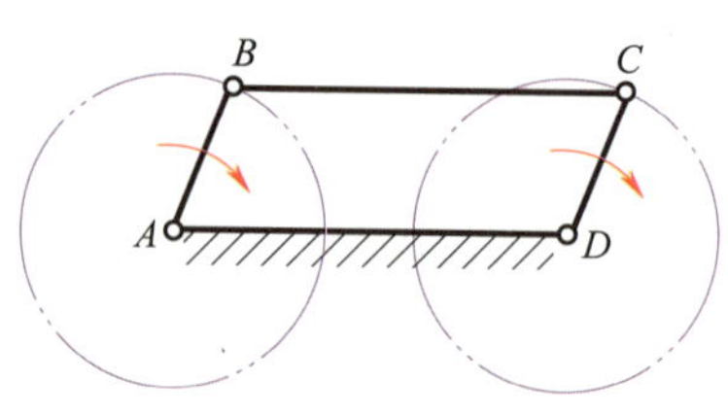

图2—8　平行双曲柄机构

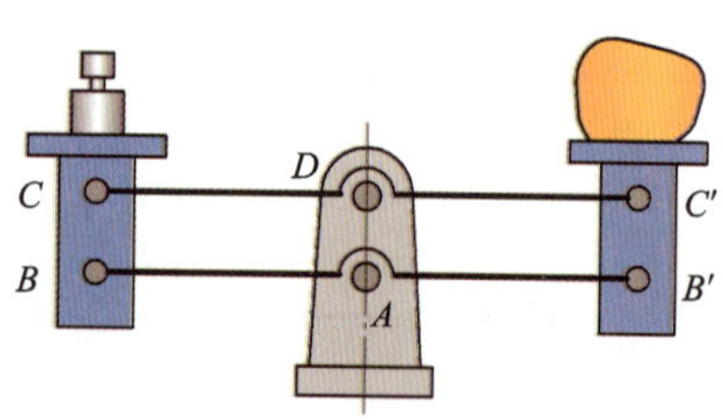

图2—9　托盘天平

3. 双摇杆机构

如图2—10所示，两连架杆均为摇杆的铰链四杆机构称为双摇杆机构，机构中两摇杆都可以分别作为主动杆，当连杆与摇杆共线时为机构的两极限位置。图2—11所示为飞机起落架机构的运动简图，飞机着陆前，需要将机轮3从机翼5中推放出来（图中粗实线）；起飞后，为了减小空气阻力，又需要将机轮收入机翼中（图中细双点画线）。这些动作是由主动摇杆1，通过连杆2、从动摇杆4带动机轮3来实现的。

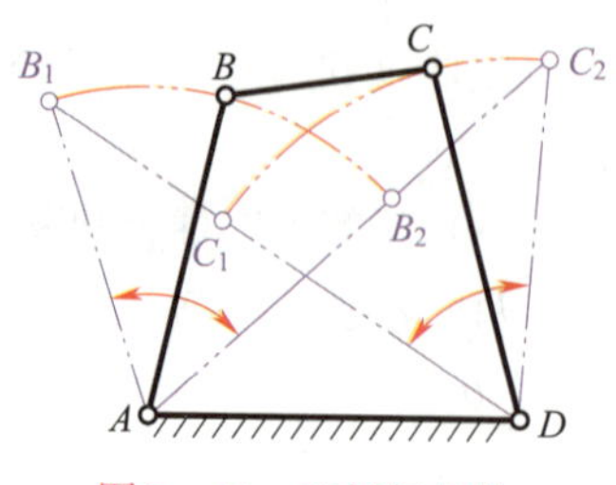

图2—10　双摇杆机构

三、铰链四杆机构的演化

在实际生产中，除了以上介绍的铰链四杆机构类型外，还广泛采用一些其他形式的四杆机构。它们一般是通过改变铰链四杆机构某些构件的形状、相对长度或选择不同构件作为机架等方式演化而来的。

1. 曲柄滑块机构

如图2—12所示，曲柄滑块机构是具有一个曲柄和一个滑块的平面四杆机构，是由曲柄摇杆机构演化而来的。当曲柄做主动件时，滑块做往复直线运动；当滑块做主动件时，曲柄做旋转运动。

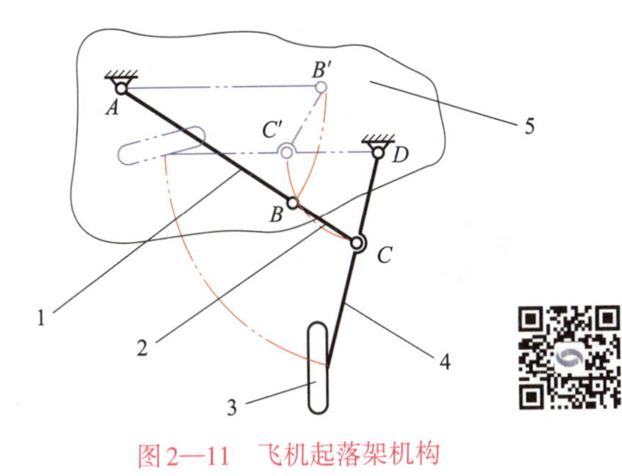

图2—11　飞机起落架机构

1—主动摇杆　2—连杆　3—机轮　4—从动摇杆　5—机翼

图2—12　曲柄滑块机构

1—曲柄　2—连杆　3—滑块　4—机架

曲柄滑块机构在机械设备及生活用品中都得到了非常广泛的应用，图2—13所示为曲柄滑块机构在内燃机中的应用，活塞（即滑块）、连杆、曲轴（即曲柄）等组成了曲柄滑块机构。在做功行程中，活塞承受燃气压力在气缸内做直线运动，通过连杆转换成曲轴的旋转运动，并由曲轴对外输出动力。

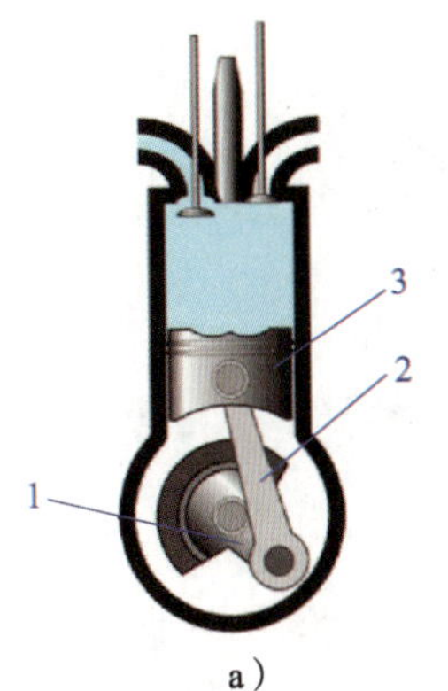

a）

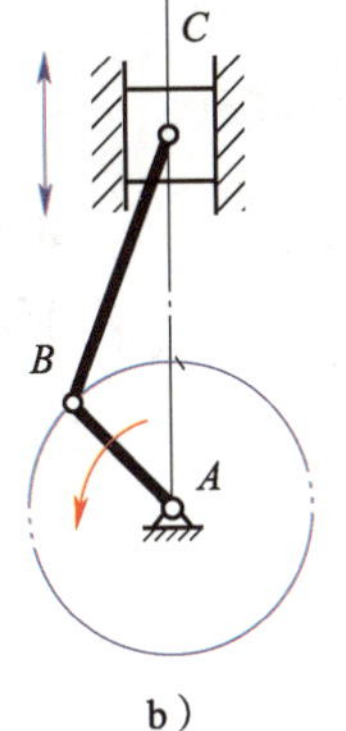

b）

图2—13　内燃机

a）结构示意图　b）机构运动简图

1—曲轴　2—连杆　3—活塞

2. 导杆机构

导杆机构是通过取曲柄滑块机构的不同构件作为机架而获得的。如图2—14a所示为曲柄滑块机构，若选构件2为机架，3为主动件，当主动件3回转时，构件1将绕A点转动或摆动，滑块4沿构件1做相对滑动，如图2—14b所示。由于构件1对滑块4起导向作用，故构件1称为导杆，这种机构称为导杆机构。在该机构中，若$l_3>l_2$，则杆3和导杆1均能做整周旋转运动，这种机构称为转动导杆机构，如图2—14b所示；若$l_3<l_2$，当杆3做整周转动时，导杆1只能做往复摆动，这种机构称为摆动导杆机构，如图2—15所示。

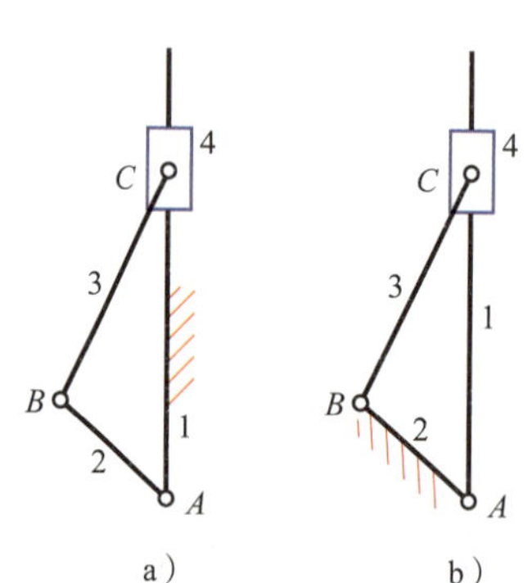

图2—14　导杆机构的演变

a）曲柄滑块机构　b）转动导杆机构

1—导杆　2—机架　3—主动件　4—滑块

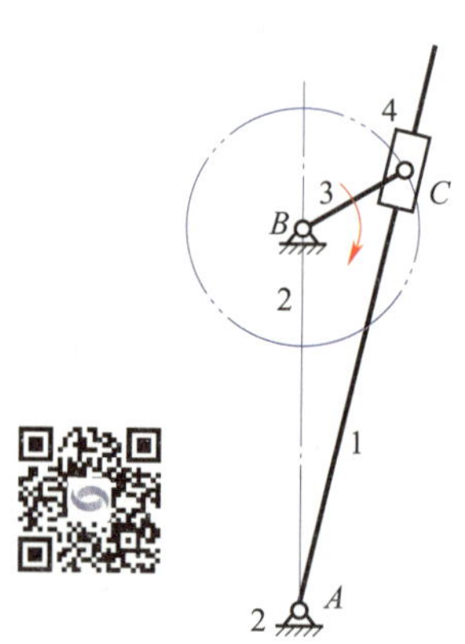

图2—15　摆动导杆机构

1—导杆　2—机架　3—曲柄　4—滑块

摆动导杆机构在牛头刨床中得到了应用（图2—16），牛头刨床刨刀的左右切削运动由摆动导杆机构实现。如图2—16c所示，主动件BC（曲柄）做等速回转，从动件导杆AC做往复摆动，带动滑枕做往复直线运动。

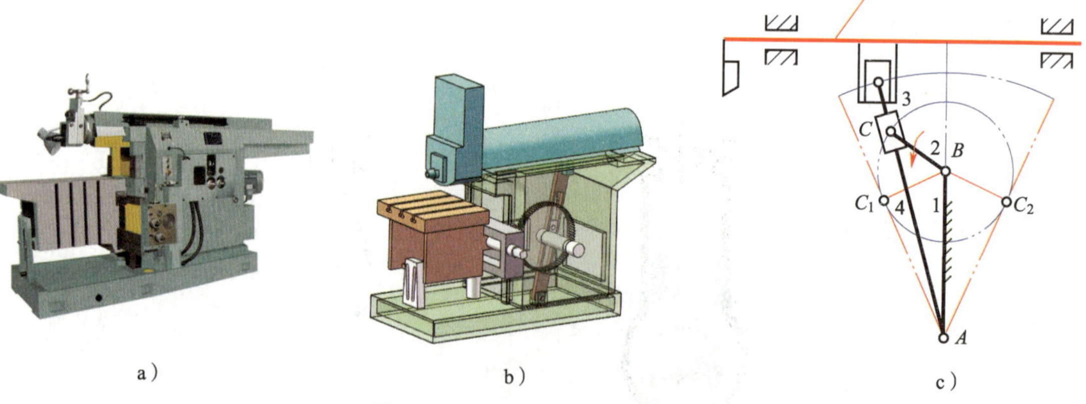

图2—16　牛头刨床主运动机构

a）实物图　b）传动示意图　c）机构运动简图

3. 固定滑块机构

若将曲柄滑块机构（图2—14a）中的滑块固定不动，就得到固定滑块机构，如图2—17所示。滑块4作为机架固定不动，BC作为摇杆绕C点摆动，导杆AC做往复移动。手压抽水

机是固定滑块机构的典型应用，其结构如图2—18所示。扳动手柄1，可以使活塞杆4（导杆）在唧筒3（滑块）内上下移动，从而完成抽水动作。

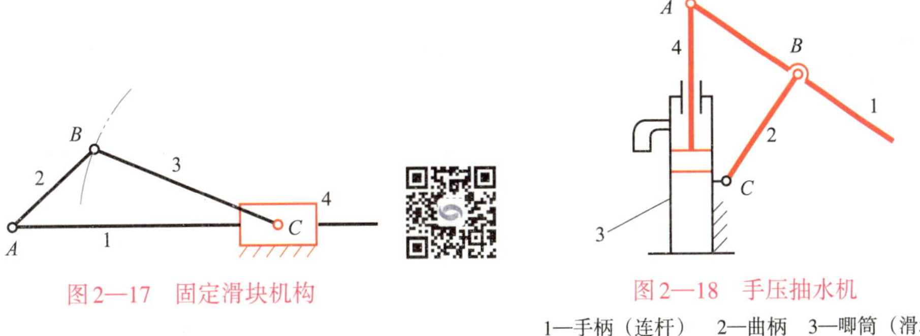

图2—17　固定滑块机构

图2—18　手压抽水机

1—手柄（连杆）　2—曲柄　3—唧筒（滑块）

4—活塞杆（导杆）

4. 曲柄摇块机构

若将曲柄滑块机构（图2—14a）的连杆*BC*作为机架，滑块只能绕*C*点摆动，就得到了曲柄摇块机构，如图2—19所示。当曲柄*AB*绕着*B*点做整周回转运动时，摇块做摆动。这种装置广泛应用于液压驱动装置中，图2—20所示为吊车升降机构，液压缸的缸体相当于摇块，活塞杆相当于导杆。当液压油推动活塞杆向上移动时，使起重臂*AB*绕*B*点旋转，吊钩上升，吊起重物。

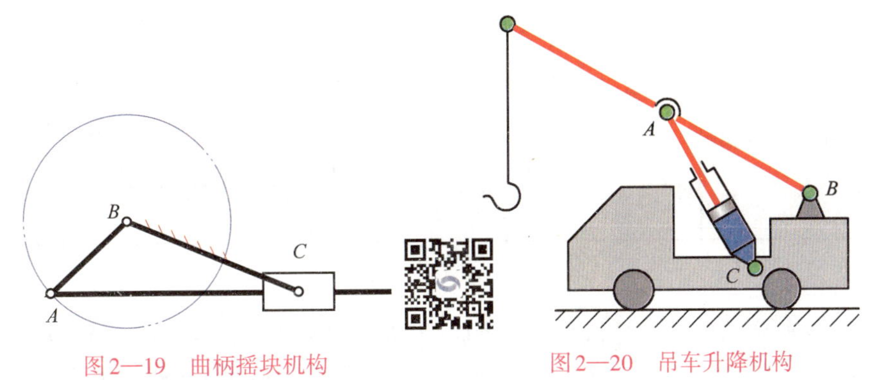

图2—19　曲柄摇块机构

图2—20　吊车升降机构

四、铰链四杆机构的基本性质

1. 曲柄存在的条件

曲柄是能做整周旋转的连架杆，只有这种能做整周旋转的构件才能用电动机等连续转动的装置来带动，所以能做整周旋转的构件在机构中具有重要地位，即曲柄是机构中的关键构件。

铰链四杆机构中是否存在曲柄，主要取决于机构中各杆的相对长度和机架的选择。铰链四杆机构存在曲柄，必须同时满足以下两个条件：

（1）最短杆与最长杆的长度之和小于或等于其他两杆长度之和。

（2）连架杆和机架中必有一杆是最短杆。

根据曲柄存在的条件，可以推论出铰链四杆机构三种基本类型的判别方法，见表2—1。

表 2—1　　铰链四杆机构三种基本类型的判别方法（L_{AD}为最长杆，L_{AB}为最短杆）

类型	说明	条件	图示
曲柄摇杆机构	连架杆之一为最短杆	$L_{AD}+L_{AB} \leqslant L_{BC}+L_{CD}$	
双曲柄机构	机架为最短杆		
双摇杆机构	连杆为最短杆	$L_{AD}+L_{AB} \leqslant L_{BC}+L_{CD}$	
	不论哪个杆为机架，都无曲柄存在	$L_{AD}+L_{AB} > L_{BC}+L_{CD}$	

2. 急回特性

如图 2—21 所示的曲柄摇杆机构中，当曲柄AB整周回转时，摇杆在C_1D和C_2D两极限位置之间做往复摆动。当摇杆处于C_1D和C_2D两极限位置时，曲柄与连杆共线，曲柄的两个对应位置所夹的锐角称为极位夹角，用β表示。

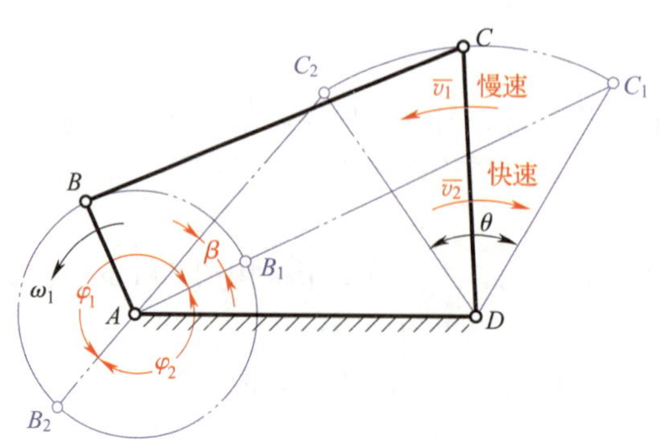

图 2—21　曲柄摇杆机构的急回特性

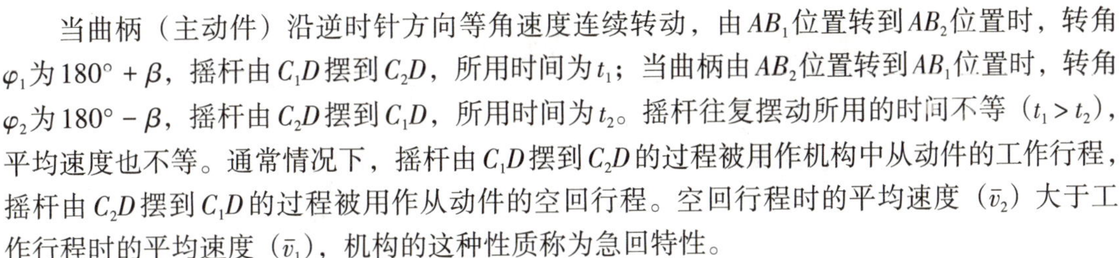
当曲柄（主动件）沿逆时针方向等角速度连续转动，由AB_1位置转到AB_2位置时，转角φ_1为$180° + \beta$，摇杆由C_1D摆到C_2D，所用时间为t_1；当曲柄由AB_2位置转到AB_1位置时，转角φ_2为$180° - \beta$，摇杆由C_2D摆到C_1D，所用时间为t_2。摇杆往复摆动所用的时间不等（$t_1 > t_2$），平均速度也不等。通常情况下，摇杆由C_1D摆到C_2D的过程被用作机构中从动件的工作行程，摇杆由C_2D摆到C_1D的过程被用作从动件的空回行程。空回行程时的平均速度（$\bar{v}_2$）大于工作行程时的平均速度（$\bar{v}_1$），机构的这种性质称为急回特性。

利用铰链四杆机构的急回特性设计的机构，可以节省非工作时间，提高生产效率。如牛头刨床退刀速度明显高于工作速度，就是利用了铰链四杆机构的急回特性。

3. 死点位置

如图2—22所示的曲柄摇杆机构中，如果摇杆CD为主动件，当摇杆摆动到极限位置C_1D或C_2D时，连杆BC与从动曲柄AB共线，则主动摇杆CD通过连杆BC加于从动曲柄AB上的力将通过从动件的铰链中心A，从而使驱动力对从动曲柄AB的回转力矩为零，此时无论施加多大的驱动力，都不能使从动件曲柄AB转动。机构的这个位置称为死点位置。如图2—23所示的曲柄滑块机构中，当以滑块为主动件时，如果连杆与从动曲柄共线，则机构同样处于死点位置。

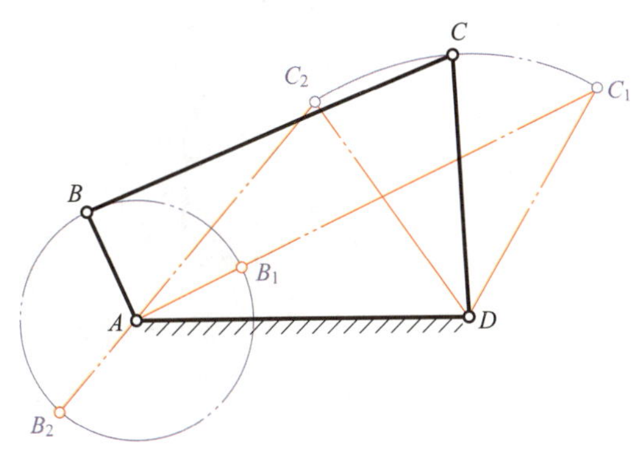

图2—22　曲柄摇杆机构的死点位置

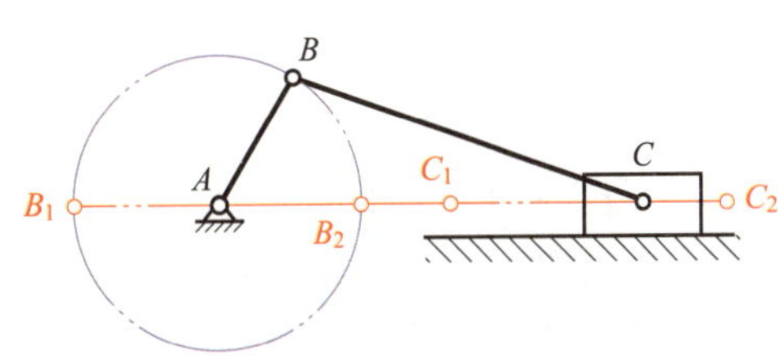

图2—23　曲柄滑块机构的死点位置

死点位置将使机构的从动件出现卡死或运动不确定现象。对于传动机构来说，死点是应该设法克服的，通常可以利用惯性来保证机构顺利通过死点，以避免死机。如图2—24所示的内燃机中，在曲柄上安装了一个飞轮，以增加曲柄的惯性，从而克服死点位置。

在工程实际中，也常常利用机构的死点来实现特定的工作要求。如图2—25所示的折叠桌，桌腿的收放机构就是利用了死点的自锁性，当桌腿放开时，曲柄CD和连杆BC共线，机构处于死点位置。图2—11所示的飞机起落架机构也是利用了死点的自锁性。

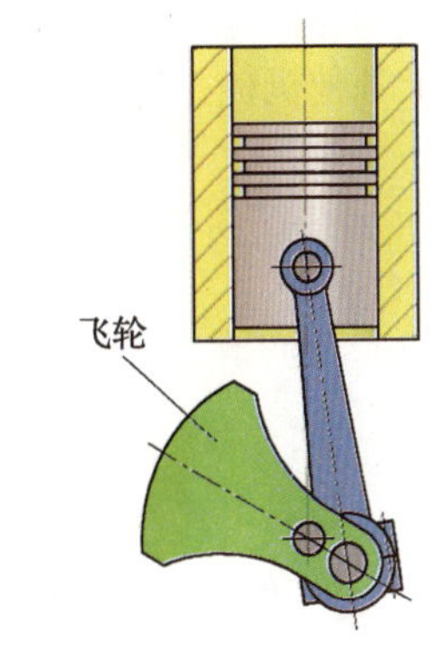

图2—24　内燃机上的飞轮

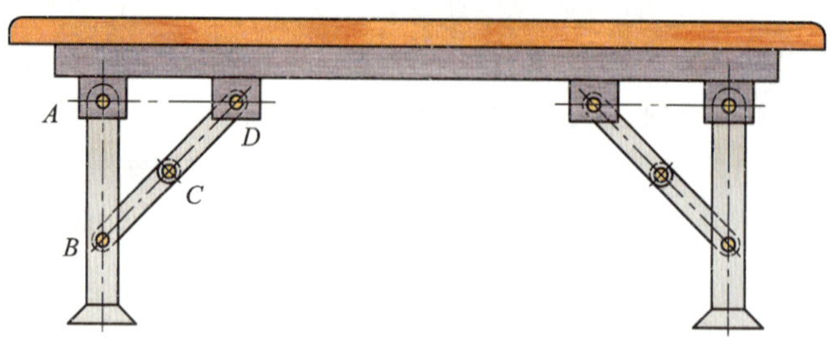

图2—25　折叠桌腿的收放机构

§2—2　凸 轮 机 构

在机器或机械装置中，许多场合需要做一些特殊的运动，如图2—26所示的凸轮机构，就需要阀杆4有规律地开启或关闭通道，实现这一运动则需要用到凸轮机构。当凸轮1回转时，其轮廓迫使推杆2往复摆动，从而使阀杆4往复移动。

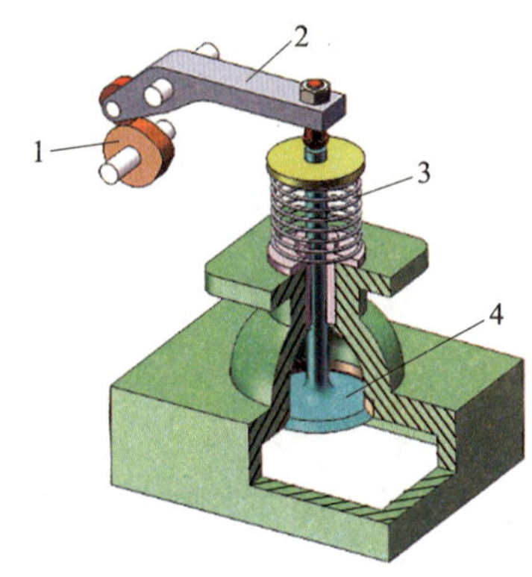

图2—26　凸轮机构
1—凸轮　2—推杆　3—弹簧　4—阀杆

一、凸轮机构概述

1. 凸轮机构的组成及应用

凸轮机构是由凸轮、从动件和机架三个基本构件组成的高副机构（图2—27）。其中，凸轮是一个具有曲线轮廓或凹槽的构件，主动件凸轮通常做等速转动（图2—27a）或移动（图2—27b）。凸轮机构是通过高副接触使从动件得到所预期的运动规律。它广泛应用于各种机械，特别是自动机械、自动控制装置和装配生产线中。

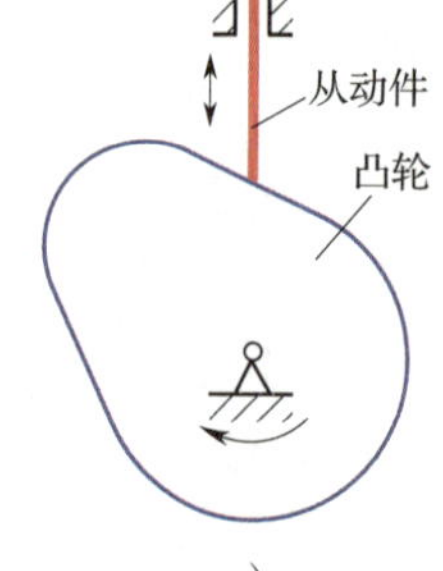

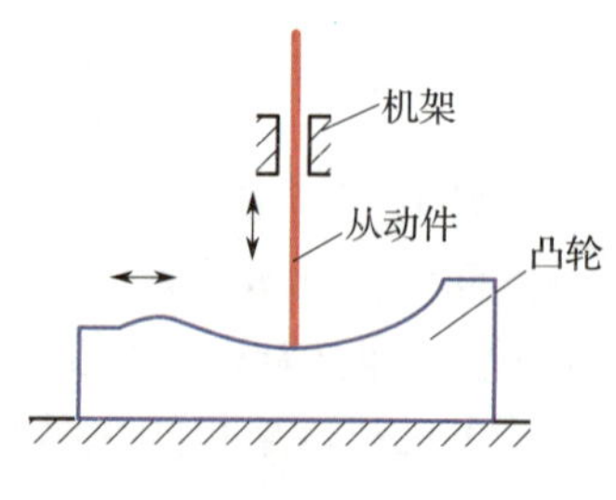

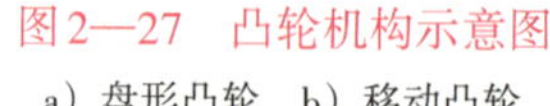

图2—27　凸轮机构示意图
a）盘形凸轮　b）移动凸轮

2. 凸轮机构的特点

(1) 优点

结构简单、紧凑，工作可靠，设计适当的凸轮轮廓曲线可使从动件获得任意预期的运动规律。

(2) 缺点

凸轮与从动件（杆或滚子）之间以点或线接触，不便于润滑，易磨损，只适用于传力不大的场合，如用于自动机械、仪表、控制机构和调节机构中。

二、凸轮的类型

凸轮的种类很多，按凸轮形状可分为盘形凸轮、移动凸轮、圆柱凸轮和端面圆柱凸轮，见表2—2。

表2—2　凸轮的类型

名　称	简　图	特点及应用
盘形凸轮		凸轮为径向尺寸变化的盘形构件，它绕固定轴做旋转运动。从动件在垂直于回转轴的平面内做往复直线运动或往返摆动。这种机构是凸轮最基本的形式，应用广泛
移动凸轮		凸轮为一个有曲面的直线运动构件，在凸轮往返移动作用下，从动件可做往复直线运动或往返摆动。这种机构在机床上应用较多
圆柱凸轮		凸轮为一个有沟槽的圆柱体，它绕中心轴做回转运动。从动件在平行于凸轮轴线的平面内做直线移动或摆动。常用于自动机床
端面圆柱凸轮		凸轮是一端带有曲面的圆柱体，它绕中心轴做旋转运动。从动件在平行于凸轮轴线的平面内移动或摆动。常用于金属切削机床的变速箱

三、从动件端部形状

从动件端部形状主要有尖顶、滚子、平底和曲面等，见表2—3。

表2—3　　从动件端部形状

名　称	简　图	特点及应用
尖顶从动件		凸轮与从动件之间为点接触或线接触，它能准确地实现任意的运动规律，构造最简单，但易磨损，只适用于作用力不大和速度较低的场合，如用于仪表等机构中
滚子从动件		从动件与凸轮接触的一端装有滚子，凸轮与从动件为滚子接触，利于润滑。滚子与凸轮轮廓之间为滚动摩擦，磨损较小，故可用来传递较大的动力，应用较广
平底从动件		从动件与凸轮的曲线轮廓相切形成楔形缝隙，易于形成楔形油膜，润滑较好，常用于高速传动中
曲面从动件	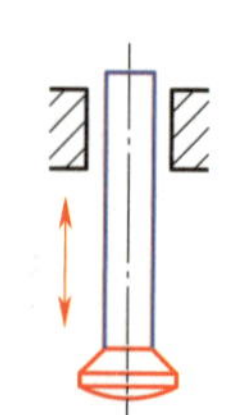 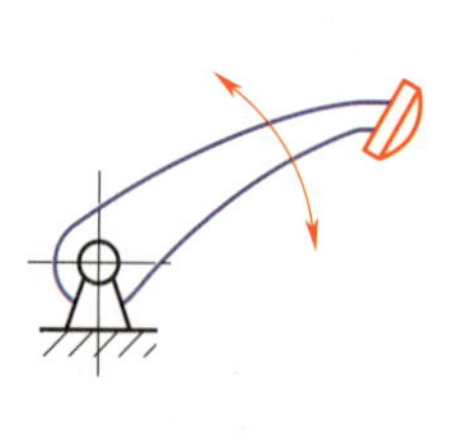	可避免因安装位置偏斜或不对中而造成的表面应力过大和磨损增大，兼有尖顶和平顶从动件的优点，应用较广

四、凸轮机构工作过程

凸轮机构中最常用的运动形式为凸轮做等速回转运动，从动件做往复移动。表2—4所列为对心外轮廓盘形凸轮机构的工作过程。凸轮回转时，从动件做“升—停—降—停”的运动循环。下面以此机构为例，研究从动件的运动规律及特点。

表2—4　凸轮机构“升—停—降—停”运动循环

运动	图　示	描　述
升		当凸轮逆时针转过δ_0时，从动件由最低位置被推到最高位置，从动件运动的这一过程称为推程，凸轮转角δ_0称为推程运动角 从动件上升或下降的最大位移h称为行程
停		因凸轮的BC段轮廓为以O为圆心的圆弧，故凸轮转过δ_s时，从动件静止不动，且停在最高位置，这一过程称为远停程，凸轮转角δ_s称为远停程角
降		凸轮继续转过δ_0'，从动件由最高位置回到最低位置，这一过程称为回程，凸轮转角δ_0'称为回程运动角
停		凸轮转过δ_s'时，从动件处于最低位置且静止不动，这一过程称为近停程，凸轮转角δ_s'称为近停程角

五、从动件常用的运动规律

以从动件的位移s为纵坐标，对应凸轮的转角δ或时间t（凸轮匀速转动时，转角δ与时间t成正比）为横坐标，可以绘制出一个运动循环周期的从动件位移曲线。图2—28所示为

表2—4中凸轮机构从动件的位移曲线，其中从动件最大位移h称为行程，δ_0和δ_0'分别表示推程运动角和回程运动角，δ_s和δ_s'分别表示远停程角和近停程角。

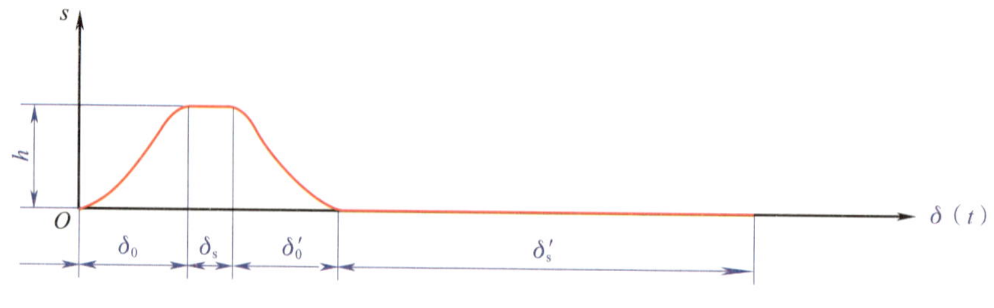

图2—28 从动件的位移曲线

图2—28所示位移曲线图反映了从动件的运动规律，常用的从动件运动规律有等速运动规律和等加速、等减速运动规律。

1. 等速运动规律

凸轮做等角速度转动时，从动件上升或下降的速度为一常数，这种运动规律称为从动件的等速运动规律（图2—29）。

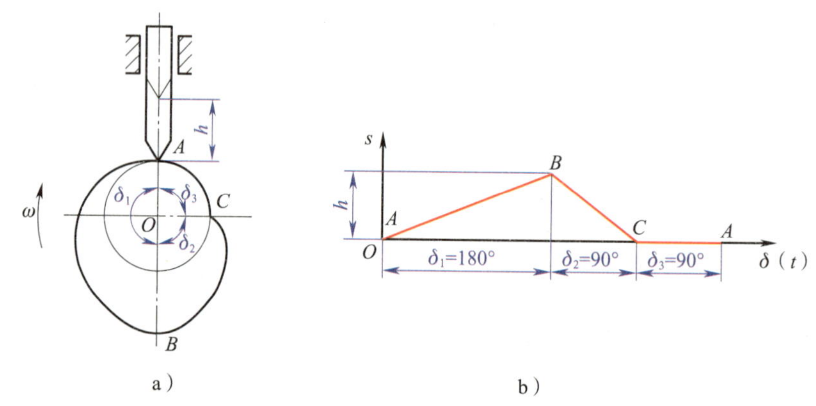

图2—29 等速运动规律

a）等速运动的凸轮机构 b）位移曲线

由图2—29b的位移曲线可以看出，位移和转角成正比关系，所以从动件等速运动的位移曲线为一斜直线。

从动件由静止开始，然后以某一速度做上升运动，会产生一次突然冲击；从动件上升到最高点立即转为下降运动，会再次使凸轮机构产生强烈的刚性冲击，因此等速运动规律只适用于凸轮做低速回转、轻载的场合。

2. 等加速、等减速运动规律

从动件运动的整个升程在前半段做等加速上升，后半段做等减速继续上升，这种运动规律称为等加速、等减速运动规律（图2—30）。它的位移曲线如图2—30b所示，位移与转角是二次函数关系，所以位移曲线为一抛物线。如果把前半段（$h/2$）的等加速抛物线与后半段的等减速抛物线结合起来（升程相同），就是从动件的等加速、等减速运动规律的位移曲线。

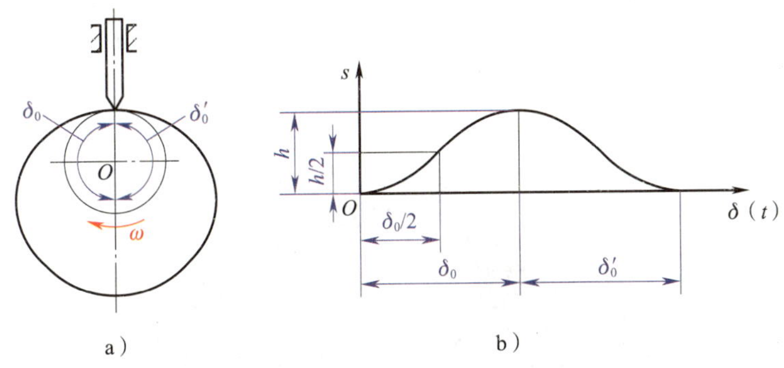

图2—30　等加速、等减速运动规律

a）等加速、等减速运动的凸轮机构　b）位移曲线

当凸轮顺时针转动时，从动件等加速上升（$h/2$）后变为等减速上升（$h/2$），到达推程最高点时上升的速度降为零，而后转入回程。在从动件的整个运动过程中，速度没有发生突变，避免了刚性冲击。

等加速、等减速运动规律具有冲击小、运动平稳的优点，适用于凸轮转速较高和从动件质量较大的场合。

【知识链接】

凸轮常用材料

凸轮机构主要的失效形式是磨损和疲劳点蚀，这就要求凸轮和滚子的工作表面硬度高、耐磨且具有足够的表面接触强度。

在低速、中小载荷等一般场合下，凸轮材料常采用45钢、40Cr，并进行表面淬火（硬度为40～50 HRC）。也可采用15钢、20Cr、20CrMnTi，并进行渗碳、淬火（硬度为56～62 HRC）。

§2—3　间歇运动机构

在某些机器中，当主动件做连续运动时，常常需要从动件做周期性的运动或停歇，实现这种运动的机构称为间歇运动机构。常用的间歇运动机构有棘轮机构和槽轮机构等。

一、棘轮机构

1. 棘轮机构的组成和工作原理

图2—31所示为机械中常用的齿式棘轮机构。它由棘轮、驱动棘爪和止回棘爪等组成。当主动摇杆逆时针方向摆动时，驱动棘爪便插入棘轮的齿槽中，使棘轮跟着转过一定角度，

此时止回棘爪在棘轮齿背上滑过；当主动摇杆顺时针方向摆动时，止回棘爪阻止棘轮发生顺时针方向转动，而驱动棘爪则只能在棘轮齿背上滑过，这时棘轮静止不动。因此，当主动件做连续的往复摆动时，棘轮做单向的间歇运动。

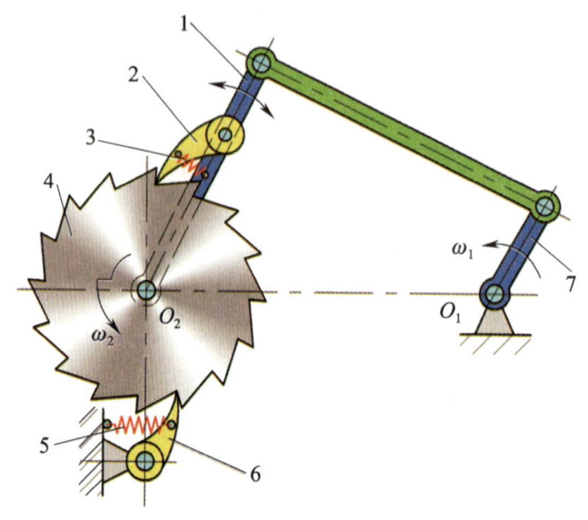

图2—31　齿式棘轮机构

1—摇杆　2—驱动棘爪　3、5—弹簧　4—棘轮　6—止回棘爪　7—曲柄

2. 常见棘轮机构

棘轮机构的类型很多，按照工作原理可分为齿式棘轮机构和摩擦式棘轮机构，按照结构特点可分为外啮合式棘轮机构和内啮合式棘轮机构，按从动件运动形式可分为单动式棘轮机构、双动式棘轮机构和可变向棘轮机构。下面主要介绍几种常见的齿式棘轮机构。

齿式棘轮机构是通过装于摇杆上的棘爪推动棘轮做一定角度间歇转动的机构。齿式棘轮机构有外啮合式和内啮合式两种。

（1）外啮合齿式棘轮机构

外啮合齿式棘轮机构有单动式棘轮机构、双动式棘轮机构和可变向棘轮机构几种形式，见表2—5。

表2—5　　外啮合齿式棘轮机构常见类型及特点

类　型	简　图	特　点
单动式棘轮机构	主动件　驱动棘爪　棘轮　止回棘爪	它有一个驱动棘爪，只有当主动件朝着某一方向摆动时，才能推动棘轮转动;而反向摆动则无法驱动棘轮转动

续表

类　型	简　图	特　点
双动式棘轮机构	直棘爪　钩头棘爪	它有两个驱动棘爪，当主动件做往复摆动时，两个棘爪交替带动棘轮朝着同一方向做间歇运动
可变向棘轮机构	棘爪　棘轮	棘爪可以绕销轴翻转，棘爪爪端外形两边对称。使用时，如果将棘爪翻转，则棘轮反向转动。这种棘轮机构可以方便地实现两个方向的间歇运动

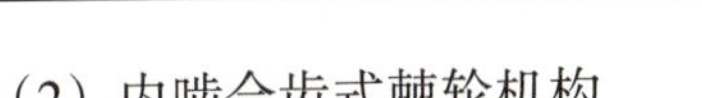

（2）内啮合齿式棘轮机构

内啮合齿式棘轮机构如图2—32所示，棘轮的轮齿加工在轮子的内壁上，棘爪安装在内部的主动轮上。当主动轮逆时针转动时，棘爪推动棘轮转动；当主动轮顺时针转动时，棘爪在棘轮上滑过，不能推动棘轮转动。

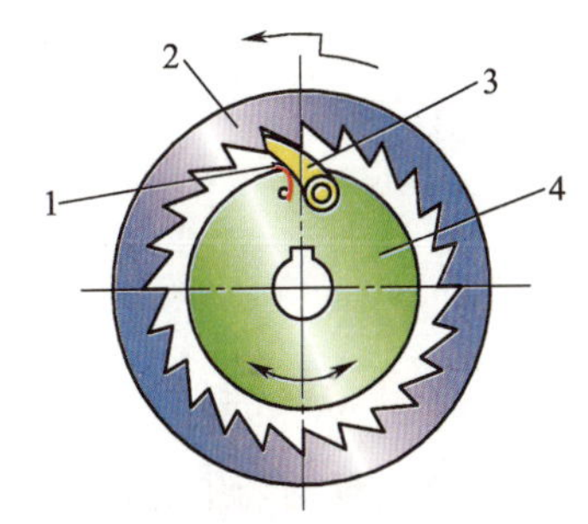

图2—32　内啮合齿式棘轮机构

1—弹簧　2—棘轮　3—棘爪　4—主动轮

3. 棘轮机构的应用实例

棘轮机构的主要用途有间歇送进、制动和超越等，牛头刨床工作台的间歇移动就是采用了棘轮机构。如图2—33a所示，牛头刨床在工作时，装有刀架的滑枕做直线往复运动，带动刀具对工件进行切削。装夹着工件的工作台做间歇的横向移动，实现切削过程的进给运动。牛头刨床横向进给机构如图2—33b所示，它由凸轮机构、双摇杆机构和双向棘轮机构组成。在刨刀进行刨削时（工作行程），工作台不动，在刨刀空回程时，凸轮通过双摇杆机构带动棘轮机构，棘轮机构带动螺旋机构（图中未画出）使工作台在垂直纸面方向做一次进给运动，以便刨刀继续切削。

图2—34所示为自行车上的飞轮机构，自行车后轴上安装的飞轮机构为内啮合式棘轮机构。链轮内圈具有棘齿，棘爪安装在后轴上。当链条带动链轮转动时，链轮内侧的棘齿通过棘爪带动后轴转动，驱动自行车前行；当自行车下坡或脚不蹬踏板时，链轮不动，但后轴由于惯性仍按原方向转动，此时棘爪在棘轮齿背上滑过，自行车继续前行。

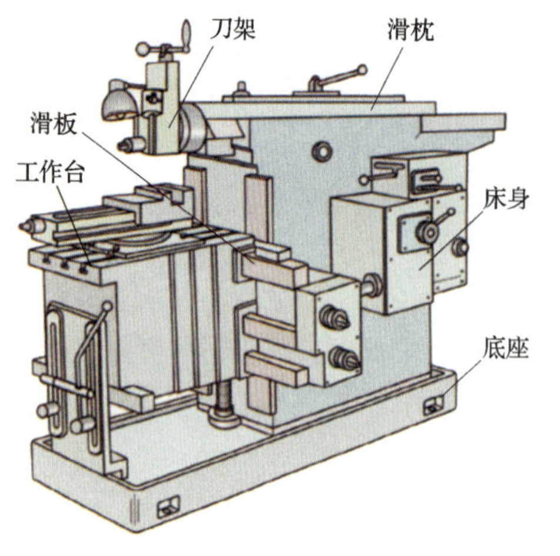

a）

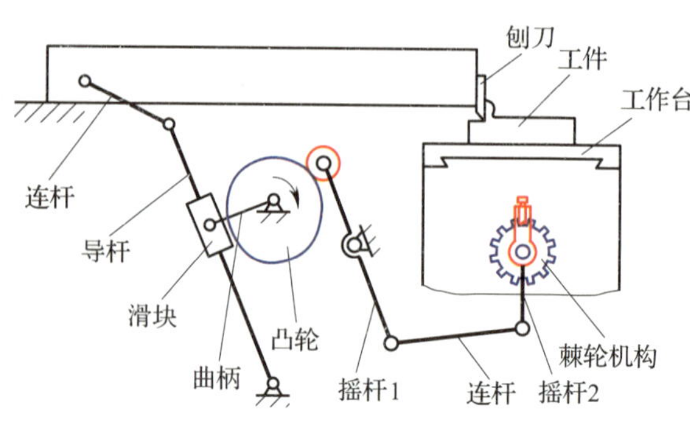

b）

图2—33　牛头刨床

a）外形图　b）执行机构运动简图

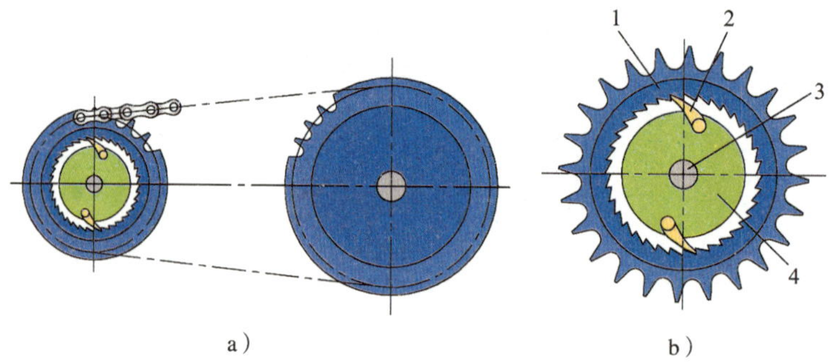

a）　　b）

图2—34　自行车飞轮机构

a）自行车传动系统　b）自行车后轴飞轮结构

1—链轮（棘轮）　2—棘爪　3—后轴　4—飞轮

二、槽轮机构

1. 槽轮机构的组成和工作原理

槽轮机构的典型结构如图2—35所示，它由主动拨盘1、从动槽轮2、圆销3和机架组成。拨盘1以等角速度做连续回转，当拨盘上的圆销3未进入槽轮的径向槽时，由于槽轮的内凹锁止弧被拨盘1的外凸锁止弧卡住，故槽轮不动。图示为圆销3刚进入槽轮径向槽时的位置，此时锁止弧也刚被松开。此后，槽轮受圆销3的驱使而转动。而圆销3在另一边离开径向槽时，锁止弧又被卡住，槽轮又静止不动。直至圆销3再次进入槽轮的另一个径向槽时，又重复上述运动。所以，槽轮做时动时停的间歇运动。

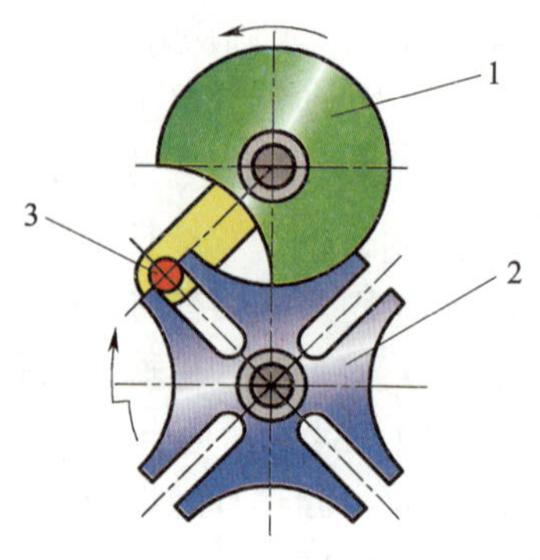

图2—35　槽轮机构

1—主动拨盘　2—从动槽轮　3—圆销

2. 槽轮机构的常见类型及特点

槽轮机构的常见类型及特点见表2—6。

表2—6　槽轮机构的常见类型及特点

类型	简　图	特　点
单圆销外槽轮机构		主动拨盘每回转一周，圆销拨动槽轮运动一次，且槽轮与主动拨盘的转向相反。槽轮静止不动的时间很长
双圆销外槽轮机构		主动拨盘每回转一周，槽轮运动两次，减少了静止不动的时间。槽轮与主动拨盘的转向相反。增加圆销个数，可使槽轮运动次数增多，但圆销数目不宜太多
内啮合槽轮机构		主动拨盘匀速转动一周，槽轮间歇地转过一个槽口，槽轮与主动拨盘的转向相同。内啮合槽轮机构结构紧凑，传动较平稳，槽轮停歇时间较短

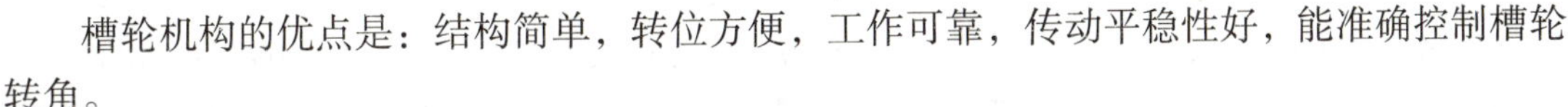

槽轮机构的优点是：结构简单，转位方便，工作可靠，传动平稳性好，能准确控制槽轮转角。

槽轮机构的缺点是：转角的大小受到槽数限制，不能调节。在槽轮转动的始末位置处，机构存在冲击现象，且随着转速的增加或槽轮槽数的减少而加剧，故不适用于高速场合。

§2—4　变速与换向机构

一、变速机构

在输入轴转速不变的条件下，使输出轴获得不同转速的传动装置称为变速机构。汽车、机床、起重机等都需要变速机构。变速机构分为有级变速机构和无级变速机构。

1. 有级变速机构

有级变速机构是在输入轴转速不变的条件下，使输出轴获得一定的转速级数。常用的变速机构有塔轮变速机构、滑移齿轮变速机构、离合式齿轮变速机构和挂轮变速机构等。

（1）塔轮变速机构

塔轮变速机构有塔带轮变速机构、塔齿轮变速机构和塔链轮变速机构。图2—36所示为塔带轮变速机构，两个塔带轮分别固定在轴Ⅰ、Ⅱ上，传动带可以在塔带轮上转换3个不同的位置。由于两个塔带轮对应各级的直径比值不同，所以当轴Ⅰ以固定不变的转速旋转时，通过转换带的位置可使轴Ⅱ得到3级不同的转速。这种变速机构大多采用平带传动，也可以用V带传动。其优点是结构简单，传动平稳。但尺寸较大，变速不方便。

（2）滑移齿轮变速机构

滑移齿轮变速机构如图2—37所示，在主动轴Ⅰ上固定了两个或三个齿轮，相互保持一定距离，双联或三联滑移齿轮用花键与从动轴Ⅱ相连。移动滑移齿轮可以实现不同齿轮副的啮合，从而使轴Ⅱ得到2级或3级转速。这种变速机构的特点是：改变滑移齿轮的啮合位置，就可改变轮系的传动比。这种机构具有变速可靠、传动比准确等优点，但零件种类和数量多，变速有噪声。

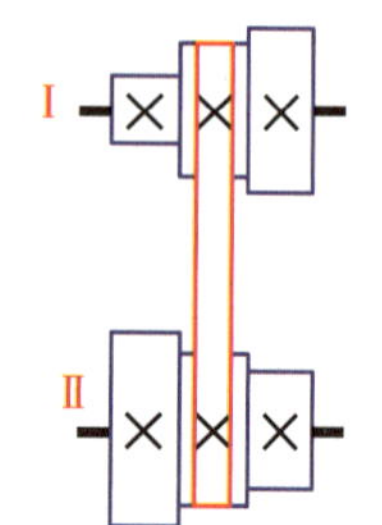

图2—36　塔带轮变速机构

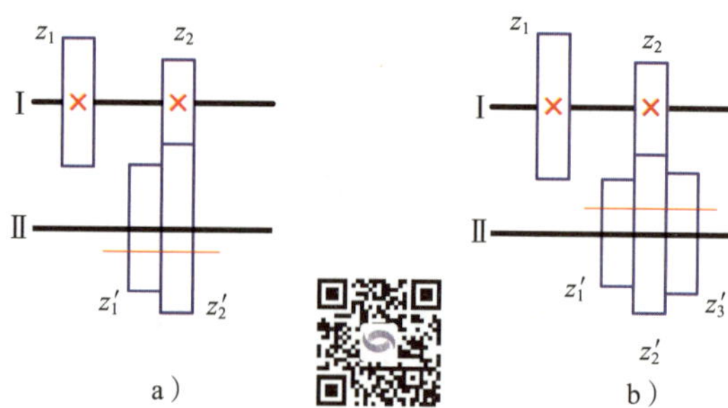

图2—37　滑移齿轮变速机构

a）双联滑移齿轮变速　b）三联滑移齿轮变速

滑移齿轮变速机构在机床变速中得到广泛应用，图2—38所示为某车床主轴变速箱的传动系统。在轴Ⅱ上安装了一个三联滑移齿轮和一个双联滑移齿轮，在轴Ⅲ上安装了一个双联滑移齿轮，其传动机构可以实现12级变速。第一变速组由轴Ⅱ上的三联滑移齿轮分别与轴Ⅰ上的固连齿轮啮合实现，可以实现3级传动比；第二变速组由轴Ⅱ上的双联滑移齿轮与轴Ⅲ上的两个固定齿轮啮合实现，可以实现2级传动比；第三变速组由轴Ⅲ上的双联滑移齿轮与轴Ⅳ上的固连齿轮实现，可以实现2级传动比。因此，轴Ⅳ的转速共有$3\times2\times2=12$级。

（3）离合式齿轮变速机构

如图2—39所示，固定在轴Ⅰ上的两个齿轮与空套在轴Ⅱ上的两个齿轮保持啮合状态。轴Ⅱ装有双向牙嵌离合器（用导向型平键或花键与轴相连），空套在轴Ⅱ上的两齿轮在靠近离合器一端的端面上有能与离合器相啮合的齿形。当轴Ⅰ转速不变时，通过双向离合器的中间滑块向左或向右移动并与齿轮上的半离合器结合，轴Ⅱ即可得到两种不同的转速。

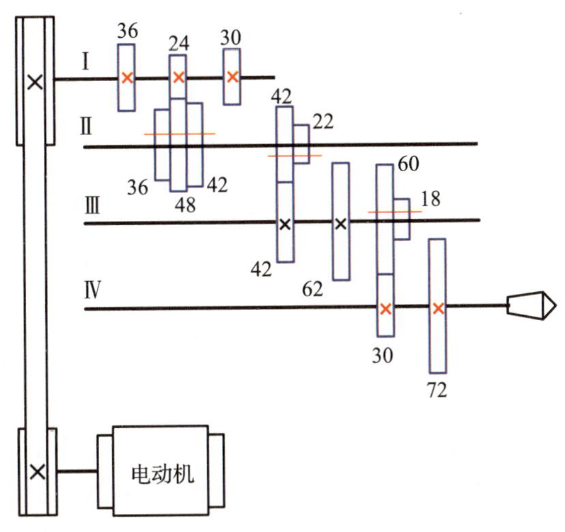

图2—38　车床主轴变速箱的传动系统

这种变速机构的特点是可以采用斜齿轮或人字齿轮，使传动平稳。若采用摩擦式离合器，则可以在运转中变速。其缺点是齿轮处在经常啮合的状态，磨损较快，离合器所占空间较大。

（4）挂轮变速机构

图2—40所示为一对挂轮变速传动机构，其工作原理是：轴Ⅰ、轴Ⅱ上装有一对可以拆卸更换的齿轮（也称挂轮或交换齿轮、配换齿轮）*A*和*B*，从设备的备用齿轮中挑选不同齿数的两个挂轮换装在轴Ⅰ和轴Ⅱ上，就得到不同的传动比。变速级数取决于备用齿轮中能相互啮合且满足中心距要求的齿轮副的对数。在模数相同时，要求配换的各对挂轮的齿数和应相等。

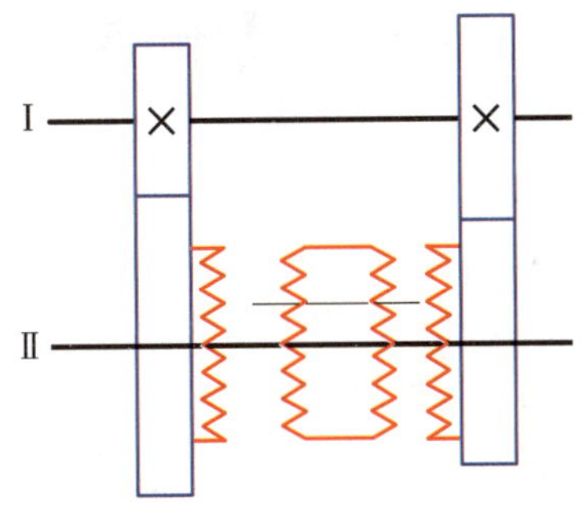

图2—39　离合式齿轮变速机构

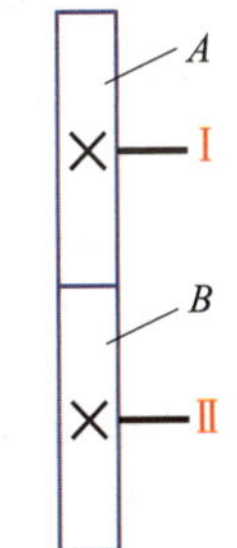

图2—40　挂轮变速机构

挂轮变速机构的优点：结构简单、紧凑。由于用作主、从动轮的齿轮可以颠倒其位置，所以用较少的齿轮可获得较多的变速级数。

挂轮变速机构的缺点：变速麻烦，调整齿轮费时费力。主要用于不需要经常变速的场合，如加工齿轮的插齿机、车床车削螺纹时的丝杠变速机构、铣床万能分度头等设备中。

有级变速机构的特点是：可以实现在一定转速范围内的分级变速，具有变速可靠、传动比准确、结构紧凑等优点，但高速回转时不够平稳，变速时有噪声。

2. 无级变速机构

有些机械为了适应工作条件的变化，需要连续地改变其工作速度，这就需要无级变速机构。无级变速机构的常用类型有滚子平盘式无级变速机构和分离锥轮式无级变速机构等。

（1）滚子平盘式无级变速机构

图2—41所示为滚子平盘式无级变速机构，主、从动轮靠接触处产生的摩擦力传动，传动比$i=R_2/R_1$。若将滚子沿轴向移动，R_2改变，传动比也随之改变。由于R_2可在一定范围内任意改变，所以从动轴Ⅱ可以获得无级变速。该机构的优点是结构简单、制造方便，但存在较大的相对滑动，磨损严重。

（2）分离锥轮式无级变速机构

分离锥轮式无级变速机构如图2—42所示，在主动轴Ⅰ和从动轴Ⅱ上分别装有锥轮1a、1b和2a、2b，其中锥轮1b和2a分别固定在轴Ⅰ、Ⅱ上，锥轮1a和2b可以沿轴Ⅰ、Ⅱ同步同向移动。宽V带3套在两对锥轮之间，工作时如同V带传动。通过轴向同步移动锥轮1a和2b，可改变传动半径的大小，从而实现无级变速。这种变速机构的优点是：结构简单，容易进行无级变速，工作平稳，能吸收振动和具有过载保护作用，传动带虽易磨损，但其更换方便，价格低廉。缺点是：外形尺寸较大，变速范围相对较小。

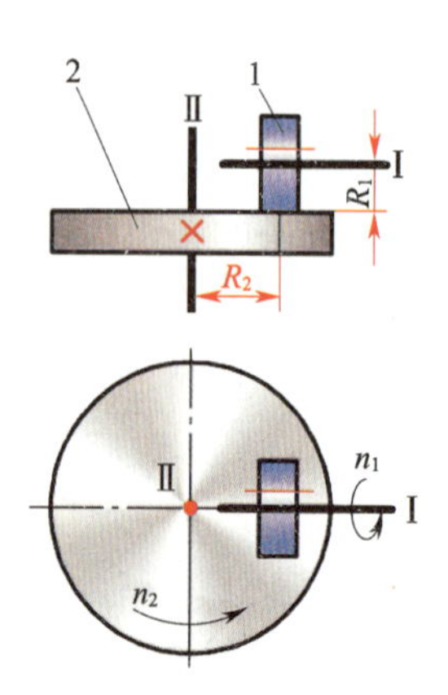

图2—41　滚子平盘式无级变速机构

1—滚子　2—平盘

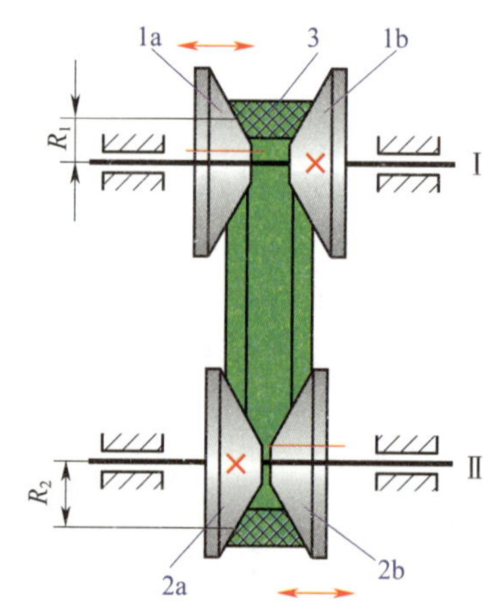

图2—42　分离锥轮式无级变速机构

1a、1b、2a、2b—锥轮　3—宽V带

无级变速机构的优点是：结构简单，过载时传动单元间打滑，可避免损坏机器，传动平稳，无噪声，易于平缓连续地变速。主要缺点是：不能保证准确的传动比，传动效率较低，外形尺寸较大，变速范围较小。

二、换向机构

汽车不但能前进而且能倒退，机床主轴既能正转也能反转。这些运动形式的改变通常是由换向机构来完成的。换向机构是在输入轴转向不变的条件下，可使输出轴转向改变的机构。其常见类型有三星轮换向机构和离合锥齿轮换向机构等。

1. 三星轮换向机构

三星轮换向机构是利用惰轮来实现从动轴回转方向的变换，如图2—43所示。转动手柄可使三角形杠杆架绕从动齿轮4的轴线Ⅱ回转。处于图2—43a的位置时，惰轮2参与啮合，

从动齿轮4与主动齿轮1的回转方向相同。处于图2—43b位置时，惰轮2、惰轮3同时参与啮合，从动齿轮4与主动齿轮1的回转方向相反。卧式车床进给系统就采用了三星轮换向机构进行换向。

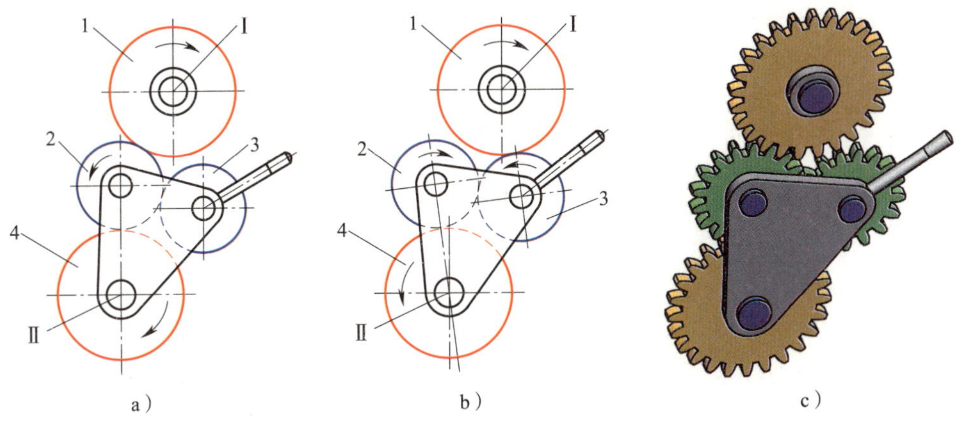

图2—43　三星轮换向机构

a）从、主动齿轮转向相同　b）从、主动齿轮转向相反　c）实体图

1—主动齿轮　2、3—惰轮　4—从动齿轮

2. 离合锥齿轮换向机构

离合锥齿轮换向机构有离合器锥齿轮换向机构和滑移锥齿轮套换向机构两种形式。离合器锥齿轮换向机构如图2—44a所示，主动锥齿轮1与空套在轴 Ⅱ 上的从动锥齿轮2、4啮合，离合器3与轴 Ⅱ 用花键连接。当离合器向左移动与齿轮4接合时，从动轴的转向与齿轮4相同；当离合器向右移动与齿轮2接合时，从动轴的转向与齿轮2相同。图2—44b所示为滑移锥齿轮套换向机构，两个锥齿轮与套连接为一体组成锥齿轮套，并用滑键与轴相连。通过向左或向右滑移锥齿轮套，从动轴上左右两个锥齿轮分别与主动轴上锥齿轮的左右侧轮齿啮合，从而实现换向。

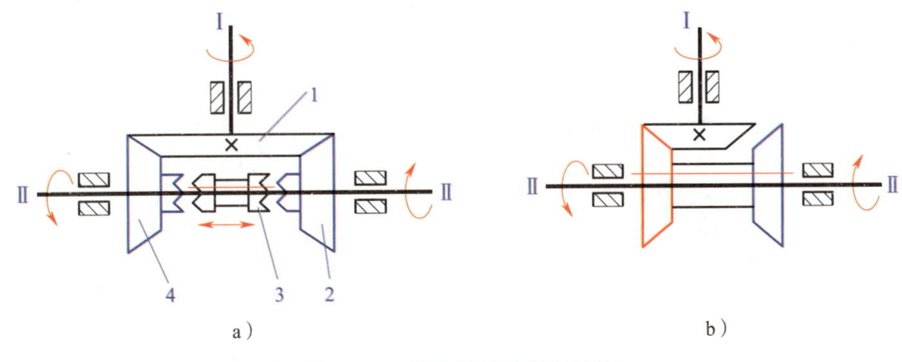

图2—44　离合锥齿轮换向机构

a）离合器锥齿轮换向机构　b）滑移锥齿轮套换向机构

1—主动锥齿轮　2、4—从动锥齿轮　3—离合器

第3章 常用连接与零部件

§3—1 螺纹连接

一、螺纹连接件

螺纹连接的连接件大都已经标准化，常用的有螺栓、双头螺柱、螺钉、螺母、垫圈和防松零件等，其结构和标记示例见表3—1。

表3—1　　常用螺纹连接件

名称	结　　构	规 格 尺 寸	标 记 示 例
六角头螺栓			螺栓　GB/T 5780　M12×50 表示：C级六角头螺栓，规格尺寸（螺纹大径d）为12 mm，螺栓杆身长度l为50 mm
双头螺柱			螺柱　GB/T 899　M12×50 表示：双头螺柱，规格尺寸（螺纹大径d）为12 mm，公称长度l为50 mm
开槽圆柱头螺钉			螺钉　GB/T 65　M12×50 表示：开槽圆柱头螺钉，规格尺寸（螺纹大径d）为12 mm，公称长度l为50 mm

续表

名称	结　　构	规格尺寸	标记示例
十字槽沉头螺钉		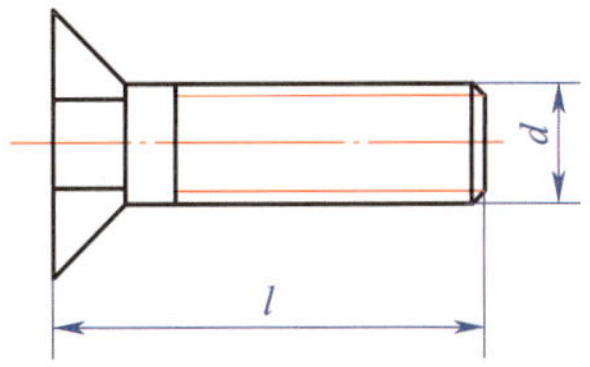	螺钉　GB/T 819.1　M6×20 表示：十字槽沉头螺钉，规格尺寸（螺纹大径 d）为6 mm，公称长度 l 为20 mm
内六角圆柱头螺钉		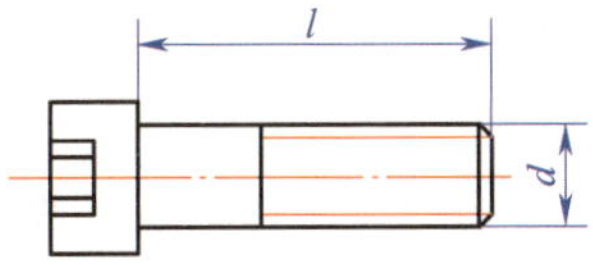	螺钉　GB/T 70.1　M10×35 表示：内六角圆柱头螺钉，规格尺寸（螺纹大径 d）为10 mm，公称长度 l 为35 mm
开槽锥端紧定螺钉		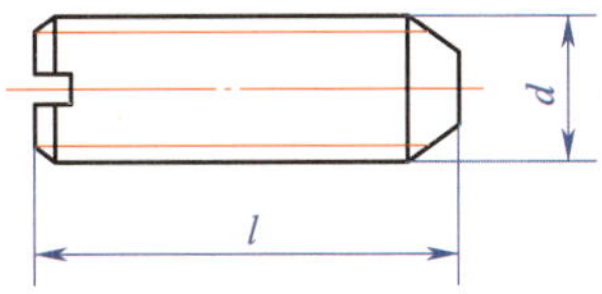	螺钉　GB/T 71　M6×15 表示：开槽锥端紧定螺钉，规格尺寸（螺纹大径 d）为6 mm，公称长度 l 为15 mm
六角螺母	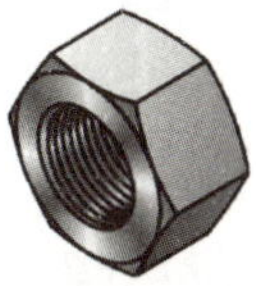	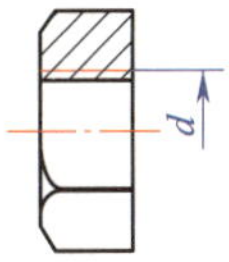	螺母　GB/T 6170　M12 表示：A级Ⅰ型六角螺母，规格尺寸（螺纹大径 d）为12 mm
六角开槽螺母		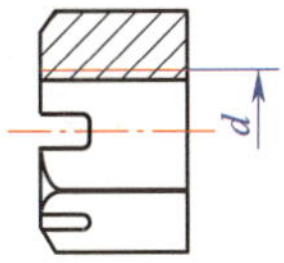	螺母　GB/T 6179　M16 表示：C级Ⅰ型六角开槽螺母，规格尺寸（螺纹大径 d）为16 mm
平垫圈		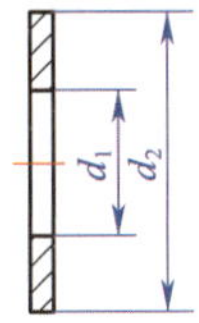	垫圈　GB/T 95　10 表示：C级平垫圈，公称尺寸（与其配套使用的螺栓或螺母的螺纹大径 d）为10 mm，左图中的 d_1 和 d_2 可从国家标准中查得
弹簧垫圈	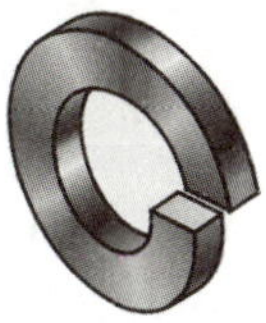	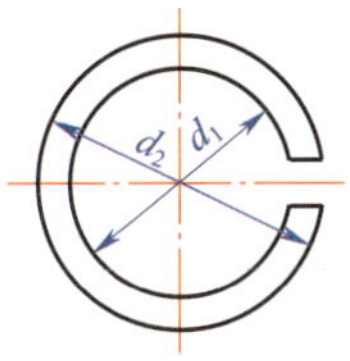	垫圈　GB/T 93　10 表示：标准型弹簧垫圈，公称尺寸（与其配套使用的螺栓或螺母的螺纹大径 d）为10 mm，左图中的 d_1 和 d_2 可以从国家标准中查得

二、螺纹连接的类型和应用

螺纹连接在生产实践中应用很广，常见的螺纹连接有螺栓连接、双头螺柱连接、螺钉连接和紧定螺钉连接四种类型，其特点和应用见表3—2。

表3—2　螺纹连接的类型、特点和应用

类型	图　示	结构及特点	应　用
螺栓连接		螺栓穿过两被连接件上的通孔并加螺母紧固。结构简单，装拆方便，成本低，应用广泛	用于两被连接件上均为通孔且有足够的装配空间的场合
双头螺柱连接		双头螺柱的两端均有螺纹，螺柱的旋入端靠螺纹配合的过盈及螺纹尾部的台阶（或螺尾最后几圈较浅的螺纹）拧紧在被连接件之一的螺纹孔中，装上另一个被连接件后，加垫圈并用螺母紧固。拆卸时，只需拧下螺母，故被连接件上的螺纹不易损坏	用于受结构限制或被连接件之一为不通孔并需经常拆卸的场合
螺钉连接		螺钉（也可以是螺栓）穿过一个被连接件上的通孔而直接拧入另一个被连接件的螺纹孔内并紧固。若经常拆卸，被连接件上的螺纹易损坏	用于被连接件之一较厚，不便加工通孔，且不必经常拆卸的连接

续表

类型	图　示	结构及特点	应　用
紧定螺钉连接		紧定螺钉拧入一个被连接件上的螺纹孔并用其端部顶紧另一个被连接件	用于固定两被连接件的相互位置，并可传递不大的力或转矩

三、螺纹连接的防松

螺纹连接的防松即防止螺旋副的相对转动。螺纹连接一般采用牙型为三角形的单线普通螺纹，其螺纹升角φ为1.5°～3.5°，具有自锁性能。同时螺纹零件端面与支承面之间还存在摩擦力，因此在静载荷下螺纹连接不会自行松开。但在冲击、振动和变载荷下，摩擦力会瞬时减小或消失，连接有可能松开，因此必须考虑防松措施。

螺纹连接常用的防松方法有摩擦防松、机械防松和破坏螺纹防松三种形式。

1. 摩擦防松

摩擦防松是指使螺旋副中有不随连接载荷而变的压力，始终有摩擦力防止其相对转动，常用的方法有双螺母防松和弹簧垫圈防松等，见表3—3。

表3—3　摩擦防松

形式	结　构	特点及应用
双螺母防松		两螺母对顶拧紧，使螺栓在旋合段内受拉而螺母受压。安装方法为：先用规定拧紧力矩的80%拧紧下面的螺母，再用100%的拧紧力矩拧紧上面的螺母 其结构简单、成本低，但重量增加。多用于低速重载或载荷平稳的场合
弹簧垫圈防松		依靠弹簧垫圈在压平后产生的弹力及其切口尖角嵌入被连接件及紧固件支承面，以起防松作用 其结构简单、成本低、使用方便，但由于弹力不均匀，也不十分可靠，多用于不太重要的连接。采用鞍形或波形垫圈可明显提高防松效果

2. 机械防松

机械防松是用金属元件锁住螺旋副，使其不能做相对转动，常用的方法有开口销防松、止动垫圈防松、串联钢丝防松等，见表3—4。

表3—4 机械防松

形式	结构	特点及应用
开口销防松		开口销穿过螺母槽并插入螺栓上的径向销孔中，使螺母、螺栓不能相对转动 其特点是性能可靠，但不便装配，不适用于双头螺柱的防松。多用于变载、振动场合的重要部位连接的防松，如飞行器、汽车等
止动垫圈防松		将止动垫圈的长耳边弯折以固定螺母与被连接件的相对位置 其特点是防松可靠，但需要被连接件具有一定的安装结构
串联钢丝防松	正确 错误	螺栓头部钻有小孔，使用时将钢丝穿入小孔并盘紧，以防止螺栓松脱。但要注意，钢丝盘绕的方向应是使螺栓旋紧的方向，图示用于右旋螺纹防松 其特点是相互制约、防松可靠，也适用于双头螺柱的防松

3. 破坏螺纹防松

破坏螺纹防松是指将螺栓和螺母上的螺纹通过焊接、铆接、冲点或用黏结剂粘接等方法使螺栓和螺母连为一体，具体见表3—5。

表3—5　破坏螺纹防松

形式	结　构	特点及应用
焊接防松		螺母拧紧后，将螺母和螺栓焊接在一起，防松可靠，但拆卸困难，且拆后螺纹连接件不能再使用
铆接防松		螺栓杆末端外露（1～1.5）P的长度，拧紧螺母后将螺栓铆死，用于低强度螺栓、不拆卸的场合
冲点防松		在螺纹末端小径处冲点，可冲单点或多点，防松性能一般，只适用于低强度紧固件
粘接防松	涂黏结剂	在旋合螺纹间涂以黏结剂，使螺纹副旋紧后粘接在一起，防松可靠，且有密封作用

§3—2 键、销及其连接

一、键连接

键连接可以实现轴与轴上零件（如齿轮、带轮等）之间的周向固定，并传递运动和转矩。键连接具有结构简单、拆装方便、工作可靠及可实现标准化等特点，故在机械中应用极为广泛。常用的键连接有平键连接、半圆键连接、花键连接和楔键连接等。

1. 平键连接

平键连接的特点是靠平键的两侧面传递转矩，因此，键的两侧面是工作面，对中性好；而键的上表面与轮毂上的键槽底面留有间隙，以便于装配。根据用途不同，平键分为普通型平键、导向型平键和滑键等。

（1）普通型平键连接

普通型平键按键的端部形状不同，分为圆头（A型）、方头（B型）和单圆头（C型）三种形式，如图3—1所示。圆头普通型平键（A型）在键槽中不会发生轴向移动，因而应用最广，单圆头普通型平键（C型）则多应用于轴的端部。

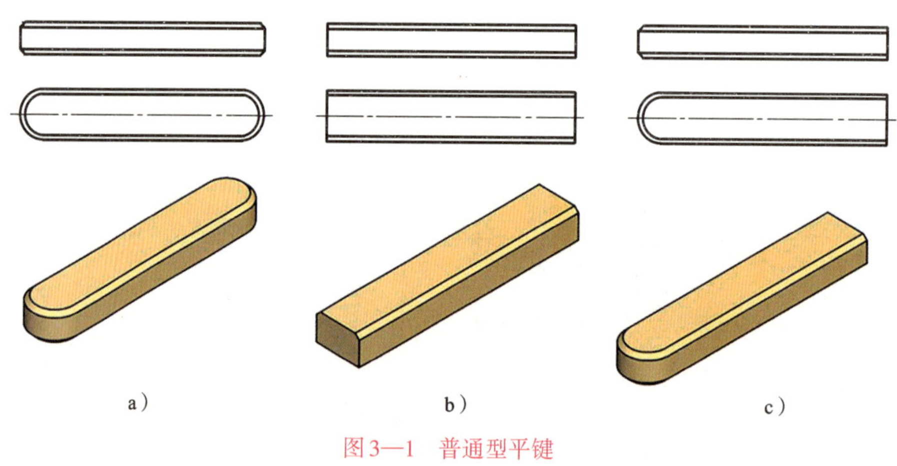

图3—1 普通型平键

a）A型 b）B型 c）C型

普通型平键连接如图3—2所示。普通型平键的两侧面是工作表面，连接时与键槽接触，键的顶端与孔上的键槽底面之间有间隙。

普通型平键的材料通常选用45钢。当轮毂为有色金属或非金属时，键可用20钢或Q235钢制造。普通型平键工作时，轴和轴上零件沿轴向不能有相对移动。

（2）导向型平键连接

当被连接的齿轮等零件的轮毂需要在轴上沿轴向移动时，可采用导向型平键和滑键连接。

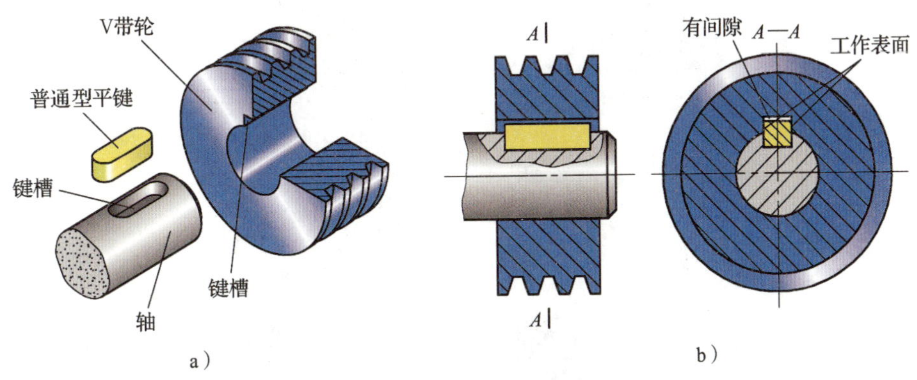

图3—2　普通型平键连接

a）分解图　b）连接图

导向型平键连接如图3—3所示。导向型平键比普通型平键长，为防止松动，通常用螺钉固定在轴上的键槽中，键与轮毂槽采用间隙配合，因此，轴上零件能做轴向滑动。为便于拆卸，键上设有起键螺孔。导向型平键常用于轴上零件移动量不大的场合，如机床变速箱中的滑移齿轮。

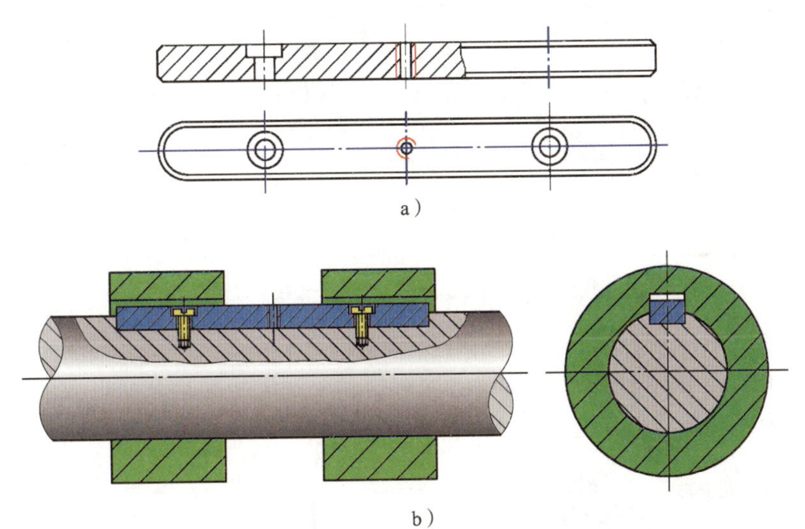

图3—3　导向型平键及连接

a）导向型平键　b）导向型平键连接

（3）滑键连接

滑键连接一般有两种形式，如图3—4所示。滑键的侧面为工作面，靠侧面传递动力，对中性好，拆装方便。滑键固定在轮毂上，轮毂带动滑键在轴上的键槽中做轴向滑移。键长不受滑动距离的限制，只需在轴上铣出较长的键槽，而且滑键可长可短。

2. 半圆键连接

半圆键连接如图3—5所示，半圆键的工作面是键的两侧面，因此与平键一样，具有较好的对中性。半圆键可在轴上的键槽中绕槽底圆弧摆动，可用于锥形轴与轮毂的连接。它的缺点是键槽对轴的强度削弱较大，只适用于轻载连接。

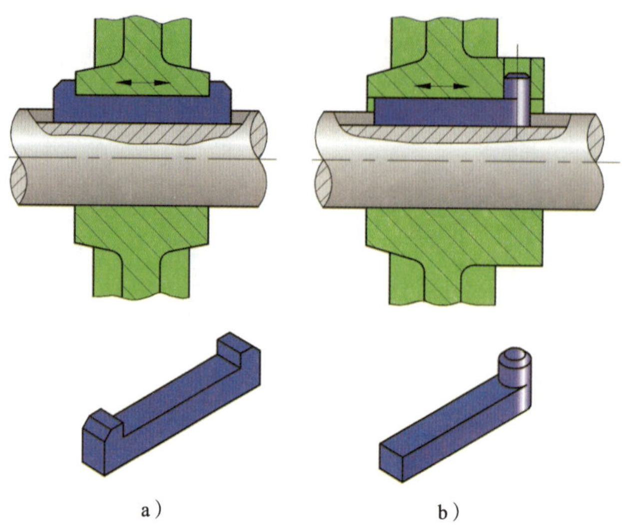
a） b）

图 3—4 滑键连接

a）钩头滑键连接 b）圆柱头滑键连接

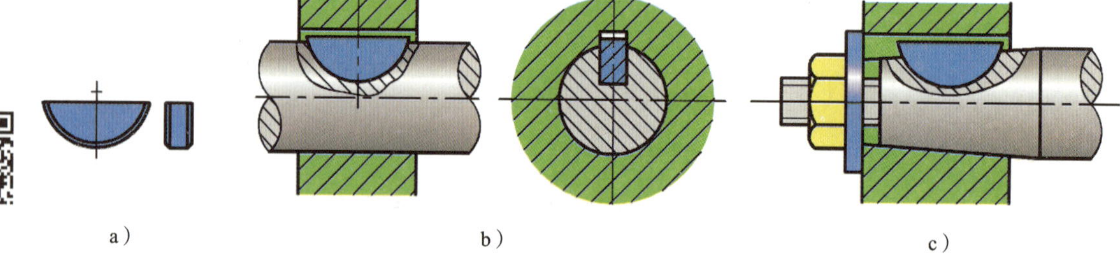
a） b） c）

图 3—5 半圆键连接

a）半圆键 b）连接圆柱轴 c）连接圆锥轴

3. 花键连接

如图 3—6 所示，由沿轴和轮毂孔周向均布的多个键齿相互啮合而形成的连接称为花键连接，花键分为外花键和内花键。

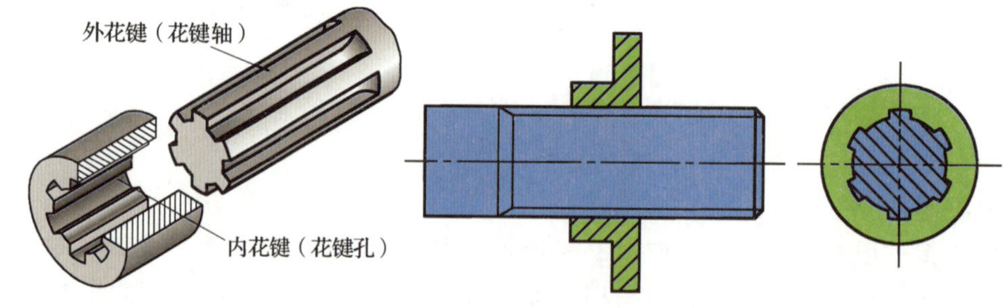

图 3—6 花键连接

花键连接的特点如下：

（1）花键连接是多齿传递载荷，故承载能力高。

（2）花键的齿浅，对轴的强度削弱较小。

（3）对中性及导向性好。

(4) 加工需用专用设备，制造成本高。

花键连接多用于重载和要求对中性好的场合，尤其适用于经常滑动的连接。按齿形不同，花键连接分为矩形花键连接（图3—7）和渐开线花键连接（图3—8）。

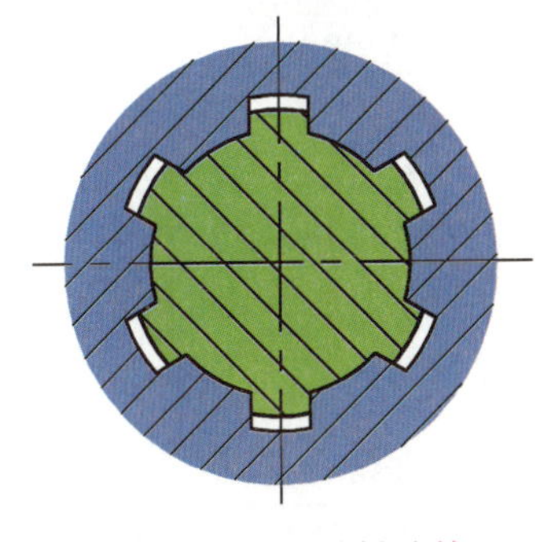

图3—7　矩形花键连接

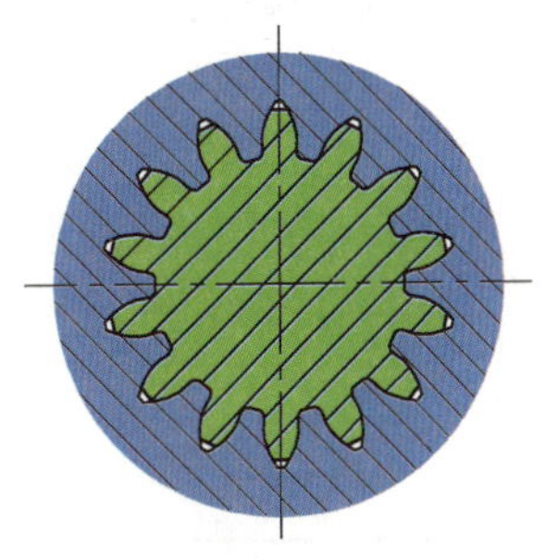

图3—8　渐开线花键连接

矩形花键齿的两侧面为平面，形状简单，加工方便。由于制造时轴和轮毂上的结合面都要经过磨削，因此能消除热处理所产生的变形。它具有定心精度高、定心稳定性好、应力集中较小、承载能力较大等特点，应用较为广泛。

渐开线花键的齿廓为渐开线，其特点是制造精度较高、齿根强度高、应力集中小、承载能力大、定心精度高，因此，常用于载荷较大、定心精度要求较高、尺寸较大的连接。

4. 楔键连接

楔键分为普通型楔键和钩头型楔键，如图3—9所示。普通型楔键用于可以从小端将楔键打出的场合，钩头型楔键用于不能从一端将楔键打出的场合，钩头供拆卸用。键的上表面和轮毂槽都有1∶100的斜度，安装时打入、楔紧。楔键的上下表面与轴和轮毂接触，是工作表面；楔键与键槽的两个侧面不相接触（采用公称尺寸相同的间隙配合），为非工作面。楔键连接能使轴上零件周向固定，并能使零件承受单方向的轴向力。由于楔键侧面为非工作面，因此，楔键连接的对中性差，在冲击和变载荷的作用下容易发生松脱现象。楔键连接常用于定心精度要求不高、载荷平稳和低速的场合。根据国家标准的规定，由于槽和键宽度方向为间隙配合，其公称尺寸相同，所以在图样上间隙表现不出来。

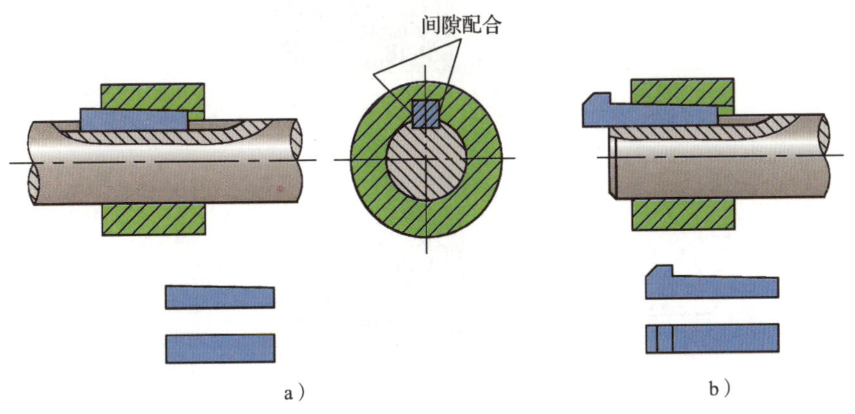

图3—9　楔键连接

a）普通型楔键连接　b）钩头型楔键连接

二、销连接

销连接主要用于定位（作为组合加工和装配时的辅助零件，用于确定零件间的相对位置，图3—10a），也可用于轴与毂的连接或其他零件的连接（图3—10b）。

销的形式很多，基本类型有圆柱销和圆锥销两种，它们均有带螺纹和不带螺纹两种形式。销的结构和参数已标准化，常用圆柱销和圆锥销的结构、特点及应用见表3—6。

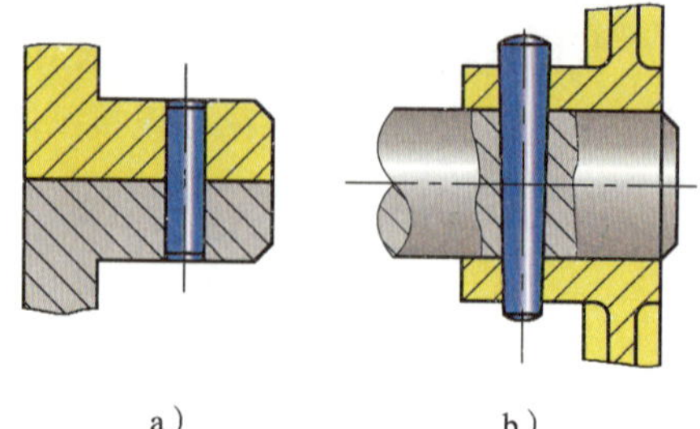

图3—10　销连接的类型
a）定位　b）连接

表3—6　常用圆柱销和圆锥销的结构、特点及应用

类型	简图	应用图例	特点及应用
圆柱销（GB/T 119.1—2000、GB/T 119.2—2000）			主要用于定位，也可用于连接。GB/T 119.1—2000的直径公差有m6和h8两种，GB/T 119.2—2000的直径公差为m6。常用的定位或连接孔的加工方法有配钻、铰等
内螺纹圆柱销（GB/T 120.1—2000）			主要用于定位，也可用于连接。内螺纹供拆卸用。公差带只有m6一种，常用的定位或连接孔的加工方法有配钻、铰等
圆锥销（GB/T 117—2000）			有1∶50的锥度，与相同锥度的铰制孔相配。圆锥销安装方便，主要用于定位，也可用于固定零件、传递动力，多用于经常拆卸的场合。定位精度比圆柱销高，在受横向力时能自锁

续表

类型	简图	应用图例	特点及应用
内螺纹圆锥销 （GB/T 118—2000）			螺孔用于拆卸，可用于不通孔。有1∶50的锥度，与相同锥度的铰制孔相配。拆装方便，可多次拆装，定位精度比圆柱销高，能自锁
开尾圆锥销 （GB/T 877—1986）			有1∶50的锥度，与相同锥度的铰制孔相配。打入销孔后，末端可稍张开，避免松脱，用于有冲击、振动的场合
螺尾锥销 （GB/T 881—2000）			螺纹用于拆卸，有1∶50的锥度，与相同锥度的铰制孔相配。拆装方便，可多次拆装，定位精度比圆柱销高，能自锁

销起定位作用时一般不承受载荷，并且使用的数目不得少于两个。销的材料常选用35钢或45钢，并经热处理达到一定硬度。通常对销孔的精度要求较高，一般需要铰制。

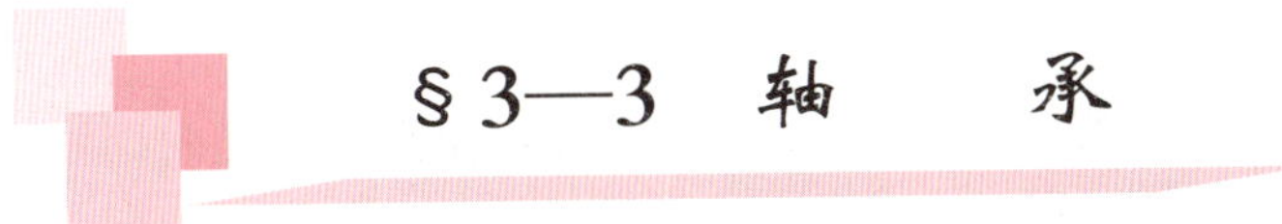

§3—3　轴　　承

从自行车到电风扇，从汽车到机床，所有机械传动的部位几乎都有轴承的存在。在机械中，轴承是支承转动的轴及轴上零件的部件，用以保证轴的旋转精度，减少轴与轴座之间的摩擦和磨损，轴承性能的好坏直接影响机器的使用性能。根据摩擦性质不同，轴承分为滚动轴承和滑动轴承两大类。

一、滚动轴承

1. 滚动轴承的结构、类型和标记

（1）滚动轴承的结构

滚动轴承是将运转的轴与轴座之间的滑动摩擦变为滚动摩擦，从而减少摩擦损失的一种精密的机械元件。滚动轴承的结构如图3—11所示，它一般由内圈、外圈、滚动体和保持架组成。一般情况下，内圈装在轴颈上，与轴一起转动；外圈装在机座的轴承孔内固定不动（惰轮、张紧轮、压紧轮等装配的轴承是外圈转，内圈不转）。内、外圈上设置有滚道，当内、外圈相对旋转时，滚动体沿着滚道滚动。常见的滚动体形状如图3—12所示。保持架的作用是分隔开两个相邻的滚动体，以减少滚动体之间的碰撞和摩擦。常见的保持架结构形式如图3—13所示。

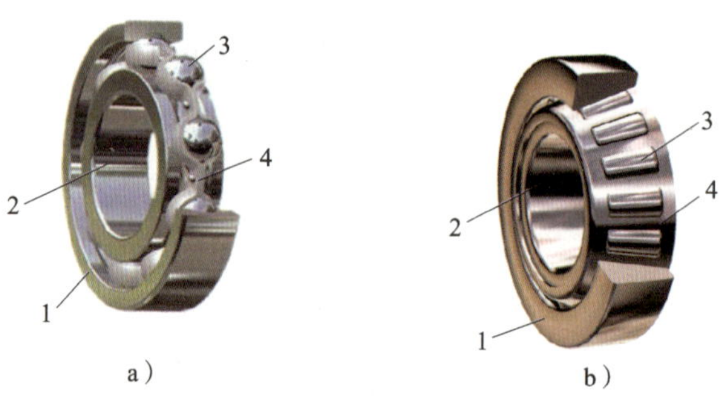

图3—11　滚动轴承的结构

a）球轴承　b）滚子轴承

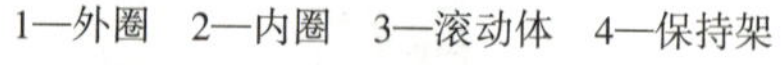

1—外圈　2—内圈　3—滚动体　4—保持架

a）　b）　c）　d）　e）

图3—12　滚动体

a）球　b）圆柱滚子　c）圆锥滚子　d）球面滚子　e）滚针

（2）滚动轴承的类型

滚动轴承可分为向心轴承和推力轴承。向心轴承又可分为径向接触轴承和向心角接触轴承。径向接触轴承主要承受径向载荷，有些可承受较小的轴向载荷，向心角接触轴承能同时承受径向载荷和轴向载荷。推力轴承又可分为轴向接触轴承和推力角接触轴承。轴向接触轴承只能承受轴向载荷，推力角接触轴承主要承受轴向载荷，也可承受较小的径向载荷。

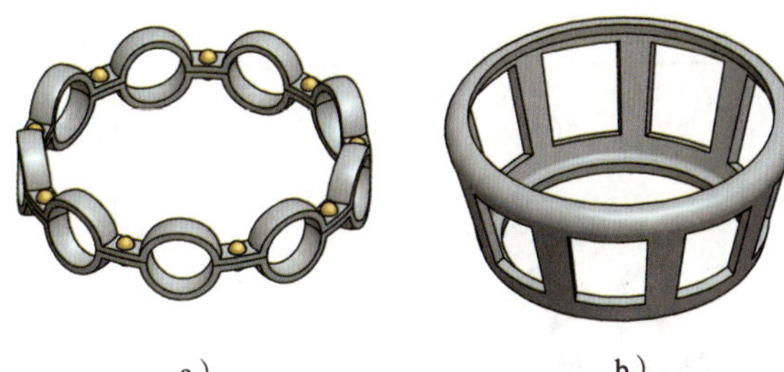

a）　　b）

图3—13　保持架

a）深沟球轴承用保持架　b）圆锥滚子轴承用保持架

滚动轴承的种类非常多，以便满足各种不同的工况条件和要求，几种常用滚动轴承的类型和特性见表3—7。

表3—7　　常用滚动轴承的类型和特性

序号	轴承名称		结构图	结构简图	承载方向	基本特性
1	深沟球轴承（GB/T 276—2013）					主要承受径向载荷，也可同时承受少量双向轴向载荷。摩擦阻力小，极限转速高，结构简单，价格便宜，应用广泛
2	圆锥滚子轴承（GB/T 297—2015）					能同时承受较大的径向载荷和轴向载荷。内、外圈可分离，通常成对使用，对称布置安装
3	推力球轴承（GB/T 301—2015）	单向				只能承受单向轴向载荷，适用于轴向载荷大、转速不高的场合
		双向				可承受双向轴向载荷，适用于轴向载荷大、转速不高的场合

续表

序号	轴承名称	结构图	结构简图	承载方向	基本特性
4	圆柱滚子轴承（GB/T 283—2007）		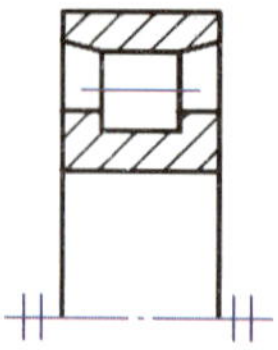		有内圈无挡边、外圈无挡边等形式，图示为外圈无挡边圆柱滚子轴承，它只能承受纯径向载荷。与球轴承相比，承受载荷的能力较大，尤其是承受冲击载荷的能力大，但极限转速较低
5	调心球轴承（GB/T 281—2013）		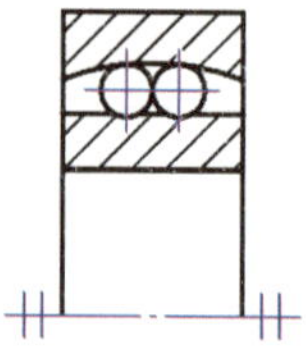		主要承受径向载荷，同时可承受少量双向轴向载荷。外圈内滚道为球面，能自动调心，允许角偏差<3°。适用于弯曲刚度小的轴
6	调心滚子轴承（GB/T 288—2013）		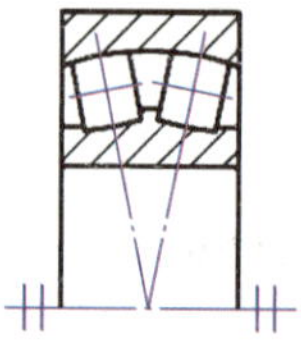		主要承受径向载荷，同时能承受少量双向轴向载荷，其承载能力比调心球轴承大；具有自动调心性能，允许角偏差<2.5°。适用于重载和冲击载荷的场合
7	推力调心滚子轴承（GB/T 5859—2008）		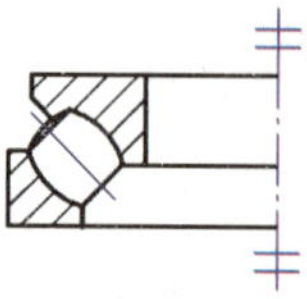		可以承受很大的轴向载荷和不大的径向载荷，允许角偏差<3°。适用于重载和要求调心性能好的场合
8	角接触球轴承（GB/T 292—2007）		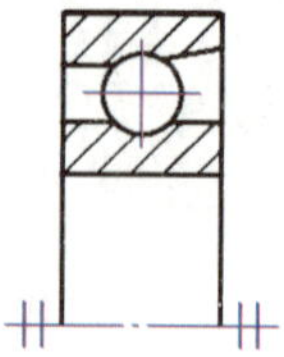		能同时承受径向载荷与轴向载荷。适用于转速较高，同时承受径向载荷和轴向载荷的场合
9	推力圆柱滚子轴承（GB/T 4663—2017）		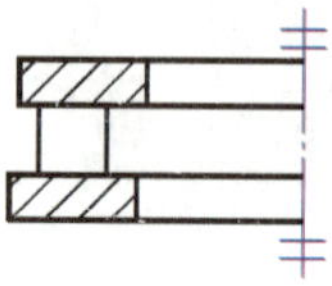		能承受很大的单向轴向载荷，承载能力比推力球轴承大得多，不允许有角偏差

（3）滚动轴承的标记

滚动轴承的标记由三部分组成，即：

轴承名称　轴承代号　标准编号

滚动轴承的标记示例：滚动轴承　6208　GB/T 276—2013

根据GB/T 276—2013可知，该滚动轴承为深沟球轴承，6208是滚动轴承的代号，查阅GB/T 276—2013可得该深沟球轴承的有关尺寸，如：轴承的宽度B=18 mm、内径d=40 mm、外径D=80 mm。

2. 滚动轴承的轴向固定

一般情况下，滚动轴承的内圈装在被支承轴的轴颈上，外圈装在轴承座（或机座）孔内。安装滚动轴承时，对其内、外圈都要进行必要的轴向固定，以防运转中产生轴向窜动。

（1）轴承内圈的轴向固定

轴承内圈在轴上通常用轴肩或套筒定位，定位端面与轴线要保持良好的垂直度。轴承内圈的轴向固定应根据所受轴向载荷的情况，适当选用轴端挡圈、圆螺母或轴用弹性挡圈等固定形式。常用的轴承内圈的轴向固定形式见表3—8。

表3—8　常用的轴承内圈的轴向固定形式

形式	1. 利用轴肩的单向固定	2. 利用轴肩和弹性挡圈的双向固定
图例		弹性挡圈
形式	3. 利用轴肩和轴端挡圈的双向固定	4. 利用轴肩和圆螺母的双向固定
图例	轴端挡圈 螺栓	止动垫圈 圆螺母

（2）轴承外圈的轴向固定

轴承外圈在机座孔中一般用座孔的台阶定位，定位端面与轴线也需保持良好的垂直度。轴承外圈的轴向固定可采用轴承盖或孔用弹性挡圈等。常用的轴承外圈的轴向固定形式见表3—9。

表 3—9　常用的轴承外圈的轴向固定形式

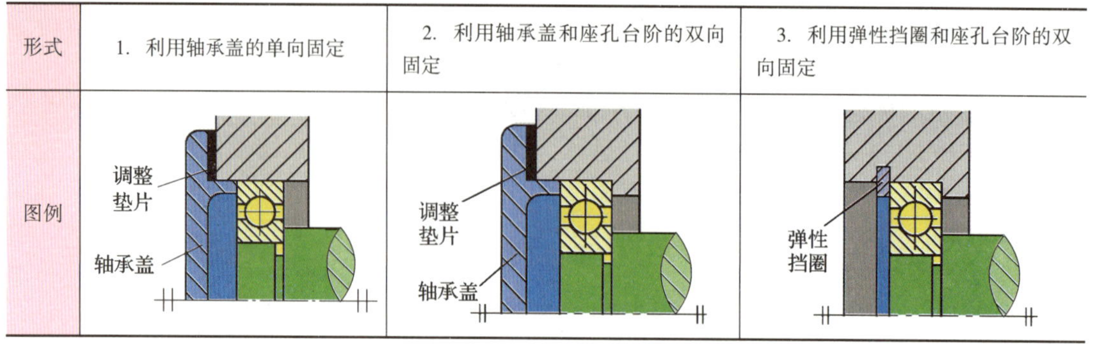

形式	1. 利用轴承盖的单向固定	2. 利用轴承盖和座孔台阶的双向固定	3. 利用弹性挡圈和座孔台阶的双向固定
图例			

3. 滚动轴承的润滑与密封

（1）滚动轴承的润滑

滚动轴承润滑的目的在于减小摩擦阻力、降低磨损、缓冲吸振、冷却和防锈。滚动轴承的润滑有润滑脂润滑、润滑油润滑和固体润滑三种方式。

1）润滑脂润滑。润滑脂是一种黏稠的凝胶状材料，强度高，能承受较大的载荷，而且不易流失，便于密封和维护，一次充脂可以维持较长时间，无须经常补充或更换。由于润滑脂不适宜在高速条件下工作，故适用于轴颈圆周速度不大于 5 m/s 的滚动轴承润滑。润滑脂的填充量一般为轴承空间的 1/3 ~ 2/3，以防摩擦发热过大，影响轴承正常工作。

2）润滑油润滑。与润滑脂润滑相比，润滑油润滑适用于轴颈圆周速度和工作温度较高的场合。选用润滑油润滑的关键是根据工作温度、载荷大小、运动速度和结构特点选择合适的润滑油黏度。原则上，温度高、载荷大的场合，润滑油的黏度应选大些；反之，润滑油的黏度应选小些。润滑油润滑的方式有浸油润滑、滴油润滑和喷雾润滑等。

3）固体润滑。固体润滑剂有石墨、二硫化钼（MoS_2）等多个品种，一般在重载或高温工作条件下使用。

（2）滚动轴承的密封

密封的目的是防止灰尘、水分、杂质等侵入轴承内部和阻止润滑剂的流失。良好的密封可保证机器正常工作，降低噪声并延长轴承的使用寿命。常用的密封方式有接触式密封和非接触式密封两类，具体类型、结构及应用见表 3—10。

表 3—10　滚动轴承常用密封方式

类型		图例	说明	适用场合
接触式密封	毛毡圈密封		矩形断面的毛毡圈被安装在梯形槽内，它对轴产生一定的压力而起到密封作用	用于润滑脂润滑。要求环境清洁，轴颈圆周速度不高于 5 m/s，工作温度不高于 90℃

续表

<table>
<tr><th colspan="3">类型</th><th>图例</th><th>说明</th><th>适用场合</th></tr>
<tr><td>接触式密封</td><td colspan="2">皮碗密封</td><td></td><td>皮碗（又称油封）是标准件，其主要材料为耐油橡胶。安装时，如果皮碗密封唇朝里，则主要防止润滑剂泄漏；如果皮碗密封唇朝外，则主要防止灰尘、杂质侵入</td><td>用于润滑脂润滑或润滑油润滑。要求轴颈圆周速度小于7 m/s，工作温度不高于100℃</td></tr>
<tr><td rowspan="3">非接触式密封</td><td colspan="2">间隙密封</td><td></td><td>靠轴与轴承盖孔之间的细小间隙密封，间隙越小越长，效果越好，间隙一般取0.1～0.3 mm，油沟能增强密封效果</td><td>用于润滑脂润滑。要求环境干燥、清洁</td></tr>
<tr><td rowspan="2">曲路密封</td><td>径向</td><td></td><td rowspan="2">将旋转件与静止件之间的间隙做成曲路形式，在间隙中填充润滑油或润滑脂以增强密封效果</td><td rowspan="2">用于润滑脂润滑或润滑油润滑。要求密封效果可靠</td></tr>
<tr><td>轴向</td><td></td></tr>
</table>

二、滑动轴承

滑动轴承是指在滑动摩擦下工作的轴承，与滚动轴承相比，滑动轴承的主要优点是：运转平稳可靠，径向尺寸小，承载能力大，抗冲击能力强，能获得很高的旋转精度，可实现液体润滑，并能在较恶劣的条件下工作。滑动轴承适用于低速、重载或转速特别高、对轴的支承精度要求较高以及径向尺寸受限制的场合。

1. 常用滑动轴承

滑动轴承按承载方向分为径向滑动轴承和止推滑动轴承。常用的滑动轴承主要是径向滑动轴承。径向滑动轴承是指承受径向载荷的滑动轴承，主要有整体式径向滑动轴承和剖分式径向滑动轴承。

（1）整体式径向滑动轴承

整体式径向滑动轴承的结构形式如图3—14所示，它由轴承座、整体轴瓦等组成。

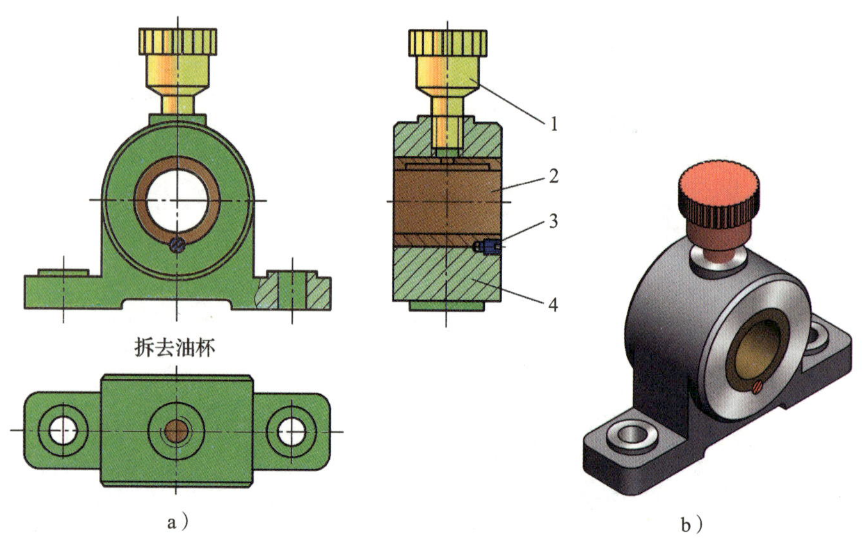

图3—14 整体式径向滑动轴承

a）结构图 b）实体图

1—油杯 2—整体轴瓦 3—紧定螺钉 4—轴承座

轴承座上面设有安装润滑油杯的螺纹孔，在轴瓦上开有油孔，并在轴瓦的内表面上开有油槽。

整体式径向滑动轴承的优点是结构简单，成本低廉。它的缺点是轴瓦磨损后，轴承间隙过大时无法调整；另外，只能从轴颈端部装拆，对于重型机械的轴或具有中间轴颈的轴，装拆很不方便。因此，它多用于低速、轻载或间歇性工作的机器中。

（2）剖分式径向滑动轴承

剖分式径向滑动轴承的结构如图3—15所示，它由轴承座、轴承盖、对开式轴瓦和连接螺栓等组成。轴承盖和轴承座的剖分面常做成阶梯形，以便于对中定位。轴承盖上有螺孔，用于安装油杯或油管。对开式轴瓦由上下两部分组成，在上轴瓦上开设油孔和油槽，润滑油通过油孔和油槽流入轴承间隙。

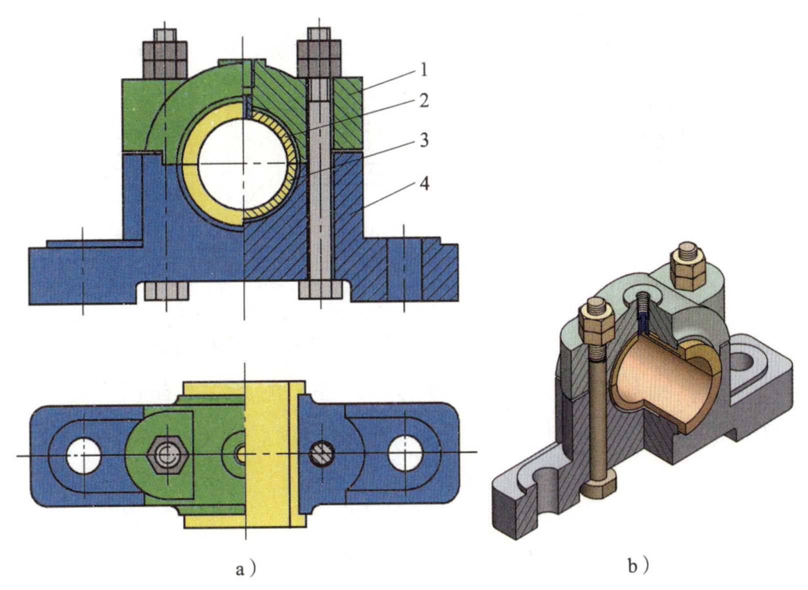

图3—15　剖分式径向滑动轴承

a）结构图　b）实体图

1—轴承盖　2—上轴瓦　3—下轴瓦　4—轴承座

剖分式径向滑动轴承装拆方便，磨损后轴承的径向间隙可以通过减少剖分面处的垫片厚度来调整，因此应用较广。

2. 轴瓦的结构

径向滑动轴承的轴瓦有整体式和对开式两种。整体式轴瓦（又称轴套）用于整体式滑动轴承，对开式轴瓦用于对开式滑动轴承。

（1）整体式轴瓦

整体式轴瓦的结构如图3—16所示，有整体轴瓦和卷制轴瓦等结构。图3—16b的轴瓦制有油孔与油沟，以便于给轴承注入润滑油。卷制轴瓦是用轴承材料或敷有轴承材料的钢带卷制而成的薄壁轴套。

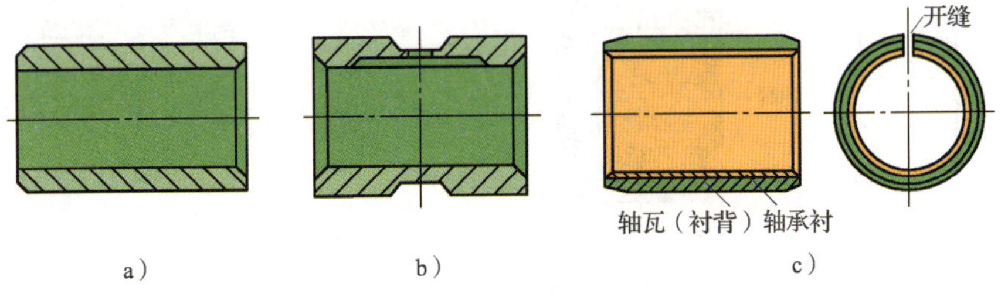

图3—16　整体式轴瓦

a）、b）整体轴瓦　c）卷制轴瓦

（2）对开式轴瓦

对开式轴瓦的结构如图3—17所示，主要由上、下两半轴瓦组成，剖分面上开有轴向油槽，轴瓦由单层材料或多层材料制成。双层轴瓦由轴承衬背和减摩层组成，轴承衬背具有一定的强度和刚度，减摩层具有较好的减摩性和耐磨性。

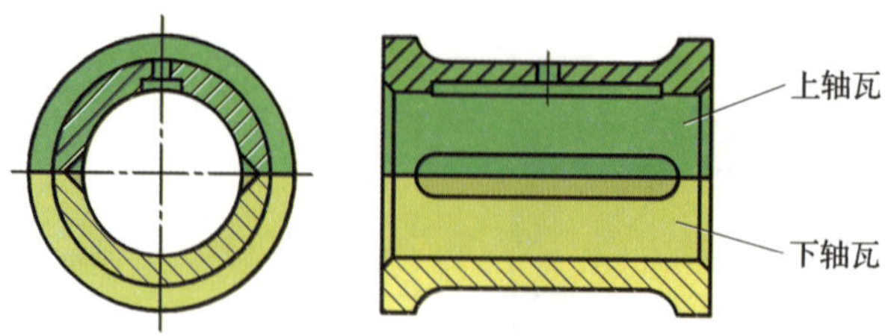

图3—17　对开式轴瓦

3. 轴瓦的材料

轴瓦的材料应根据轴承的工作情况进行选择。由于轴瓦在使用时会产生摩擦、磨损、发热等问题，因此，要求轴瓦的材料具有良好的减摩性、耐磨性和抗胶合性，以及足够的强度、易跑合、易加工等性能。常用的轴瓦材料有轴承合金、铜合金、铸铁及非金属材料、粉末冶金材料等。

4. 滑动轴承的润滑

滑动轴承润滑的目的是减少工作表面间的摩擦和磨损，同时起冷却、散热、防锈蚀及减振等作用。滑动轴承常用的润滑方式有油润滑和脂润滑两种，常用润滑装置见表3—11。

表3—11　　常用润滑装置

润滑装置	装置示意图	工作原理
旋套式油杯	杯体 旋套	用于润滑油润滑。转动旋套，使旋套孔与杯体注油孔对正时可用油壶或油枪注油。不注油时，旋套壁遮挡杯体注油孔，起密封作用
压配式油杯	钢球 弹簧 杯体	用于润滑油润滑或润滑脂润滑。将钢球压下可注润滑油（或润滑脂）。不注润滑油（或润滑脂）时，钢球在弹簧的作用下，使杯体注油孔封闭
旋盖式油杯	杯盖 杯体	用于润滑脂润滑。杯盖与杯体采用螺纹连接，旋合时在杯体和杯盖中都装满润滑脂，定期旋转杯盖压缩润滑脂的体积，可将润滑脂挤入轴承内

续表

润滑装置	装置示意图	工 作 原 理
油环润滑	轴颈 油环	油环套在轴颈上并浸入油池，轴旋转时，靠摩擦力带动油环转动，将润滑油带至轴颈处进行润滑。这种润滑方式结构简单，但由于是靠摩擦力带动油环甩油，故轴的转速需适当方能充足供油
压力润滑	轴颈 油泵 油箱	利用油泵将压力润滑油送入轴承进行润滑。这种润滑方式工作可靠，但结构复杂，对轴承的密封性要求高，且费用较高，适用于大型、重载、高速、精密和自动化机械设备

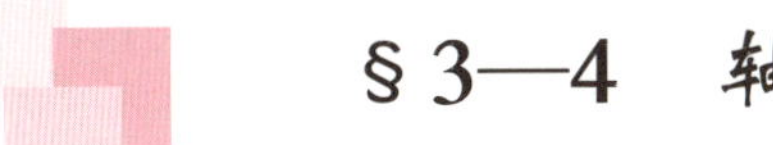

§3—4　轴

一、轴的结构

图3—18所示为二级齿轮减速器中的输出轴（转轴）。轴上各段按其作用可分别称为轴头、轴颈、轴身、轴肩和轴环等。轴上被支承的部位称为轴颈；安装轮毂的部位称为轴头；连接轴颈和轴头的部位称为轴身；轴径变化处形成的环形面称为轴肩；轴环是指给轴上零件轴向定位的环状圆柱凸台，其作用和轴肩相同。

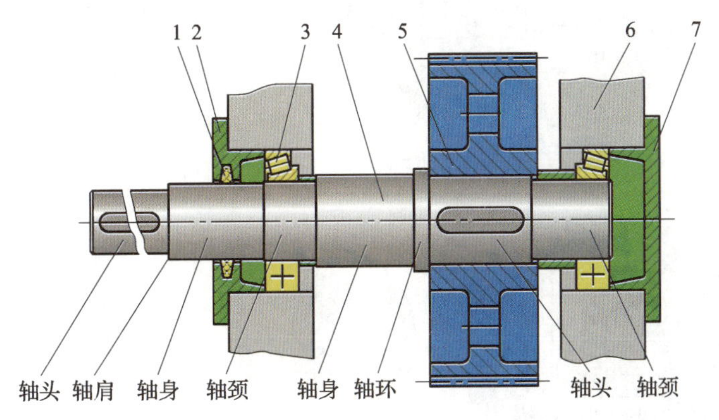

图3—18　转轴的结构

1—密封圈　2—透盖　3—滚动轴承　4—轴　5—齿轮　6—箱体　7—闷盖

二、轴上零件的固定

1. 轴上零件的轴向固定

轴上零件轴向固定的目的是保证零件在轴上有确定的轴向位置，防止零件做轴向移动，并能承受轴向力。常用的轴向固定方法及应用见表3—12。

表3—12　轴上零件的轴向固定方法及应用

类型	固定方法及简图	结构特点及应用
圆螺母	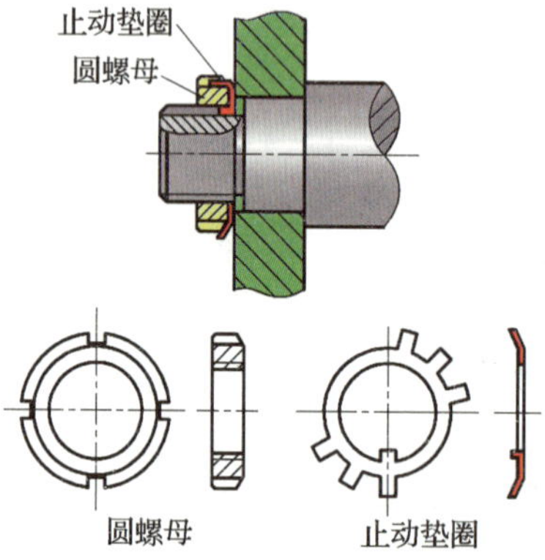 止动垫圈 圆螺母 圆螺母　止动垫圈	固定可靠、拆装方便，可承受较大的轴向力。为防止松脱，必须加止动垫圈或使用双螺母。由于在轴上加工了螺纹，使轴的强度降低。常用于轴上零件距离较大处及轴端零件的固定
轴肩与轴环	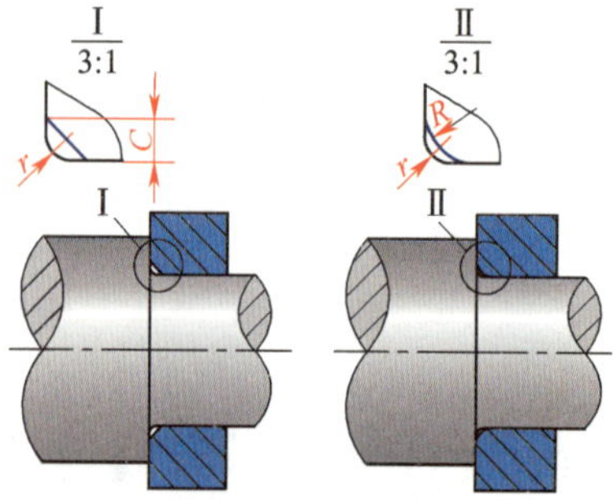 I 3:1　II 3:1	应使轴肩、轴环的过渡圆角半径r小于轴上零件孔端的圆角半径R或倒角C（即$r<R$或$r<C$），这样才能使轴上零件的端面紧靠定位面。特点是结构简单、定位可靠，能承受较大的轴向力。广泛用于各种轴上零件的定位
套筒	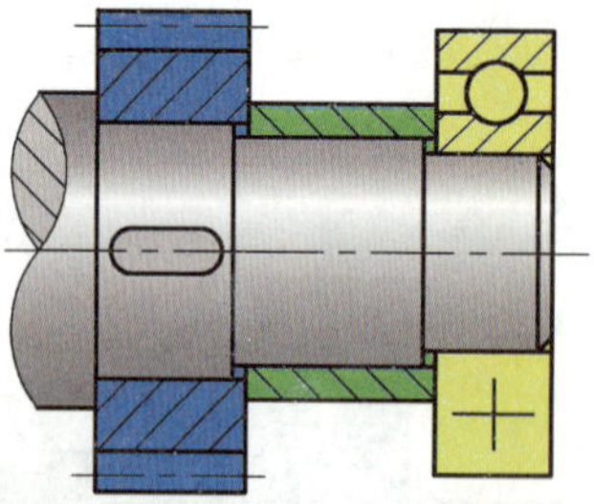	结构简单、定位可靠，适用于轴上零件间距离较短的场合，当轴的转速很高时不宜采用
轴端挡圈	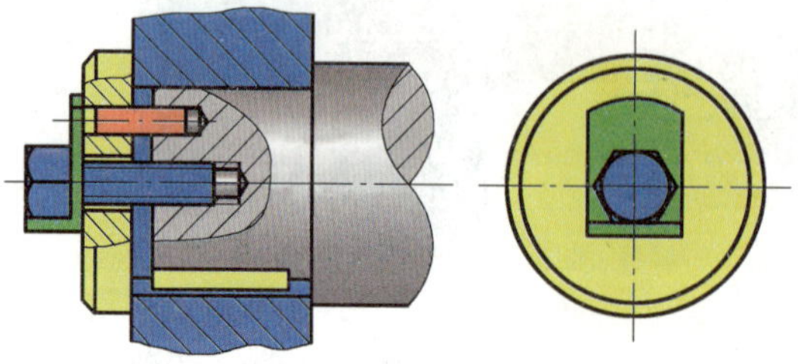	工作可靠、结构简单，可承受剧烈振动和冲击载荷。使用时，应采取止动垫片、防转螺钉等防松措施。该方法应用广泛，常用于固定轴端零件

续表

类型	固定方法及简图	结构特点及应用
弹性挡圈	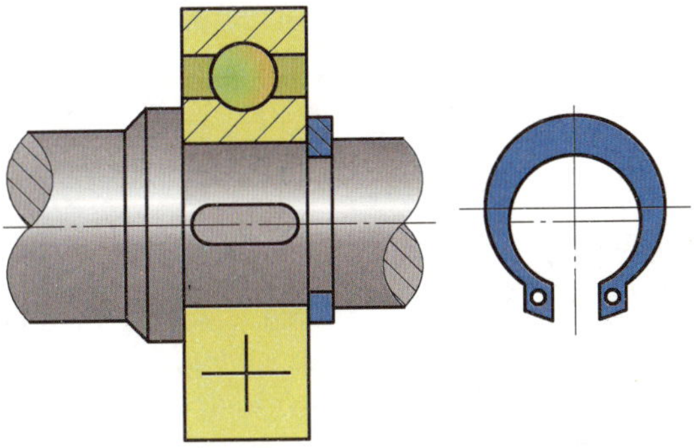	结构简单、紧凑，拆装方便，只能承受很小的轴向力。需要在轴上加工槽，这将引起应力集中，常用于滚动轴承的固定
轴端挡板	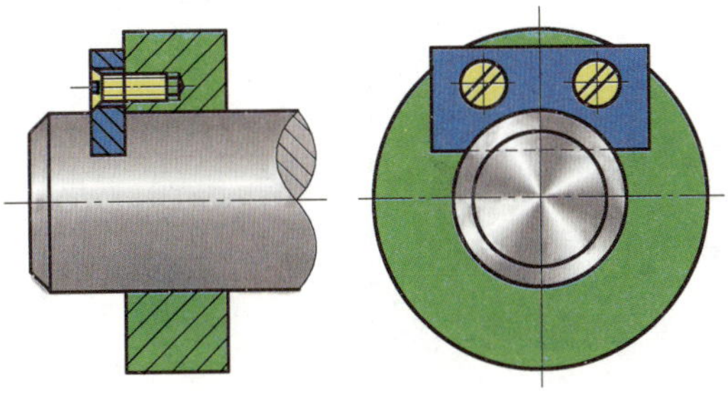	结构简单，常用于心轴上零件的固定和轴端固定
紧定螺钉与挡圈	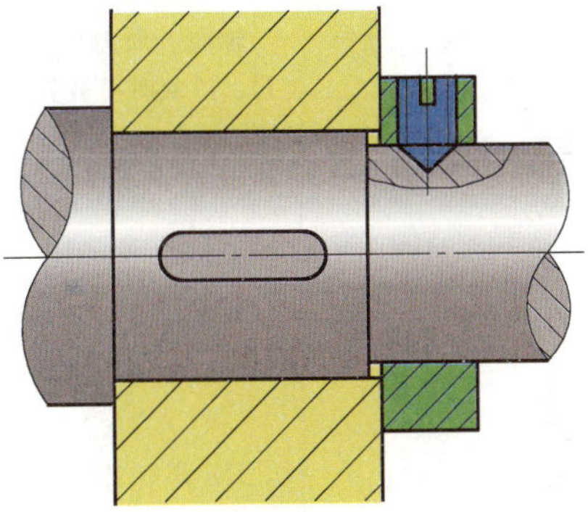	结构简单，同时起周向固定作用，但承载能力较低，且不适用于高速场合
圆锥面	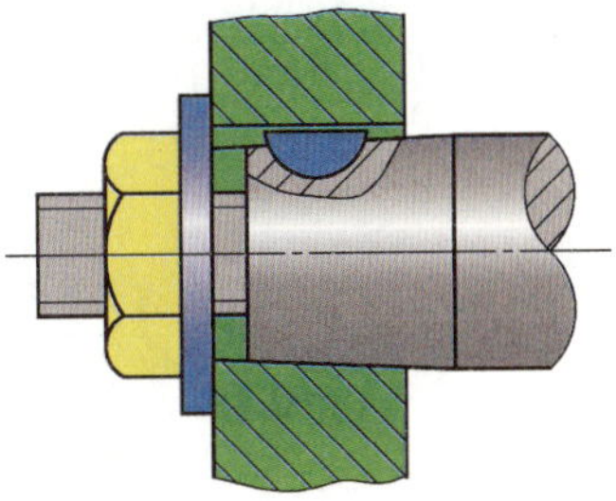	能消除轴与轮毂间的径向间隙，拆装方便，可兼做周向固定。常与轴端挡圈联合使用，实现零件的双向固定。适用于有冲击载荷和对中性要求较高的场合，常用于轴端零件的固定

2. 轴上零件的周向固定

轴上零件周向固定的目的是保证轴能可靠地传递运动和转矩，防止轴上零件与轴产生相对转动。常用的周向固定方法及应用见表3—13。

表3—13　　轴上零件的周向固定方法及应用

类型	固定方法及简图	结构特点及应用
平键连接	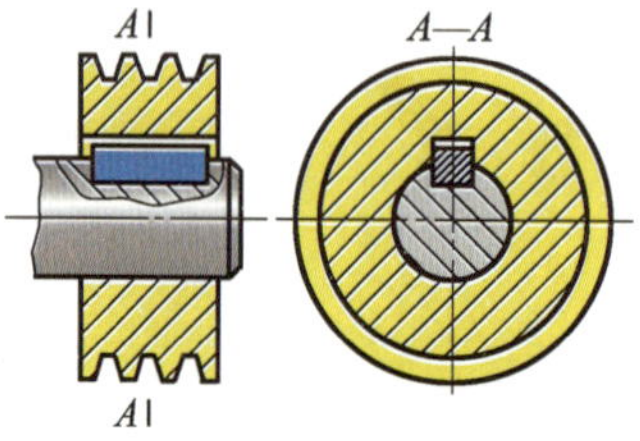	加工容易、拆装方便，但轴向不能固定，不能承受轴向力
花键连接	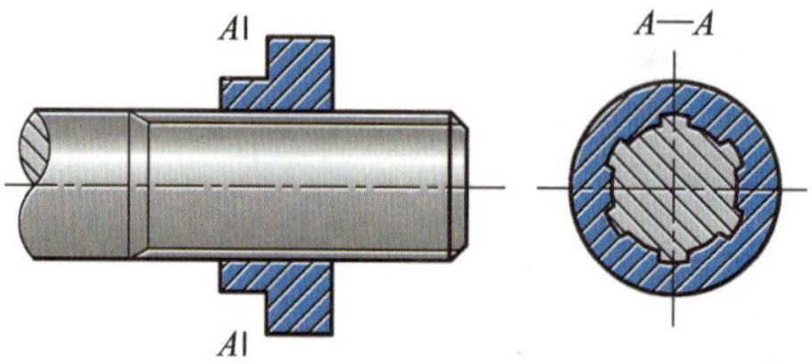	具有接触面积大、承载能力强、对中性和导向性好等特点，适用于载荷较大、定心要求高的静、动连接。加工工艺较复杂，成本较高
销连接	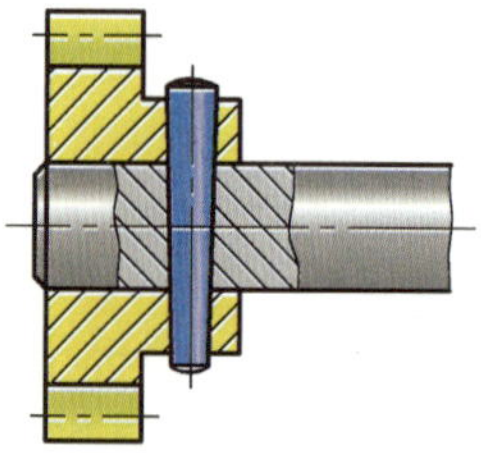	轴向、周向都可以固定，常用做安全装置，过载时可被剪断，防止损坏其他零件。不能承受较大载荷，销孔对轴的强度有削弱作用
紧定螺钉连接	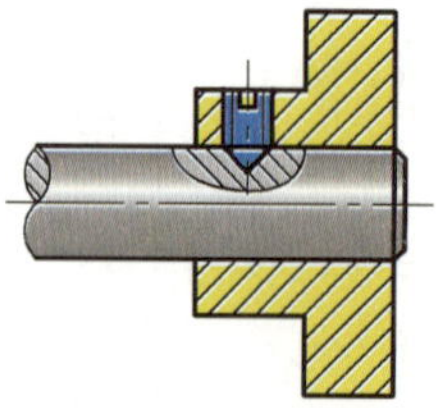	紧定螺钉端部拧入轴上凹坑实现固定。结构简单，不能承受较大载荷，只适用于辅助连接
过盈配合连接	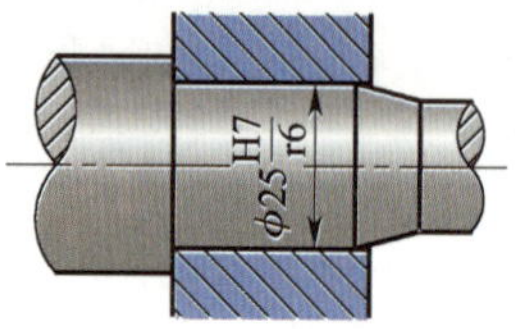	同时有轴向和周向固定作用，对中精度高，选择不同的配合有不同的连接强度。不适用于重载和经常拆装的场合

§3—5 联轴器、离合器和制动器

在生产、生活中，许多机器或设备都需要用到联轴器、离合器和制动器。联轴器和离合器用来连接两轴，使之一同回转并传递运动与转矩，有时也用作安全装置。联轴器在机器停车后用拆卸方法才能把两轴分离或连接。离合器在机械运转过程中，可使两轴随时接合或分离。制动器主要用来降低机械运动速度或使机械停止运转，有时也用作限速装置。

一、联轴器

联轴器是指连接两轴或轴与回转件，在传递运动和动力过程中一同回转，在正常情况下不脱开的一种装置，有时也作为一种安全装置用来防止被连接机件承受过大的载荷，起到过载保护的作用。图3—19所示为离心泵结构简图，电动机与减速器、减速器与泵之间用了联轴器连接。

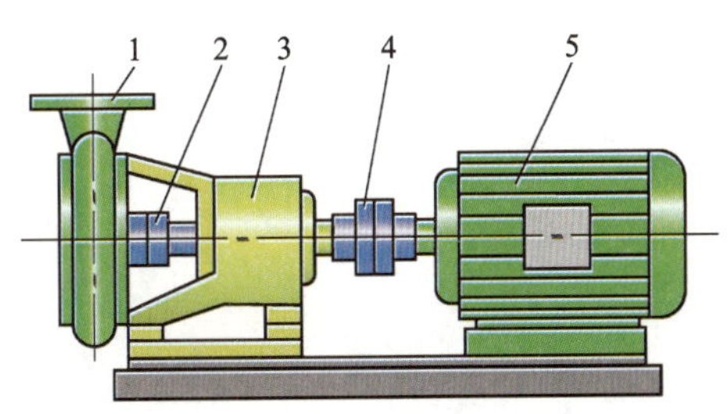

图3—19 联轴器的应用

1—离心式水泵 2、4—联轴器 3—减速器 5—电动机

联轴器的类型很多，根据性能可分为刚性联轴器和挠性联轴器两类，其中挠性联轴器又分为无弹性元件挠性联轴器和有弹性元件挠性联轴器。

1. 刚性联轴器

刚性联轴器结构简单、制造容易、不需要维护、成本低，但是不具有补偿功能，要求两轴严格精确对中，常用的有凸缘联轴器和套筒联轴器等。

（1）凸缘联轴器

凸缘联轴器应用最为广泛，其结构如图3—20所示，它由两个半联轴器（凸缘盘）、连接螺栓和键等组成。图3—20a所示为凸缘联轴器（基本型），它依靠配合螺栓连接实现两轴对中。图3—20b所示为有对中榫凸缘联轴器，通常靠半联轴器上的凸肩和凹槽实现两轴对中。

凸缘联轴器结构简单，工作可靠，传递转矩大，装拆方便，适用于连接两轴刚度大、对中性好、安装精确且转速较低、载荷平稳的场合。凸缘联轴器已经标准化，其尺寸可按有关国家标准选用。

（2）套筒联轴器

如图3—21所示，套筒联轴器由套筒、连接件（键、圆锥销）等组成。图3—21a所示套筒联轴器中，用平键将套筒和轴连为一体，可传递较大的转矩，紧定螺钉用作套筒的轴向固定。图3—21b所示套筒联轴器是用圆锥销将套筒和轴连为一体，传递转矩较小。

套筒联轴器制造容易，零件数量较少，结构紧凑，径向外形尺寸较小，但装拆时被连接件需要沿轴向移动较大距离。套筒联轴器适用于两轴能严格对中、载荷不大且较为平稳，并要求联轴器径向尺寸小的场合。此种联轴器目前尚无标准，需要自行设计。

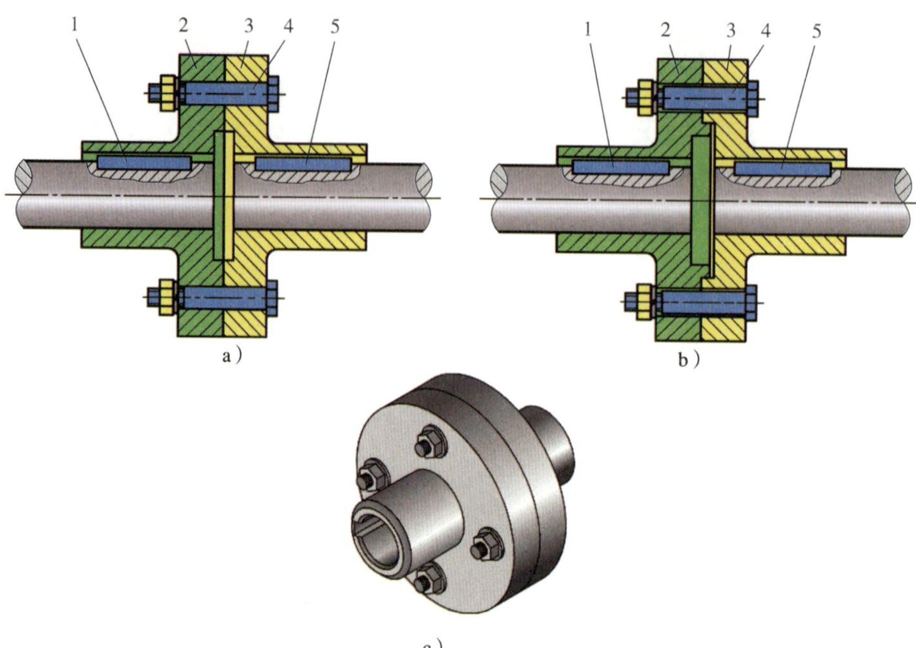

图3—20　凸缘联轴器

a）凸缘联轴器（基本型）　b）有对中榫凸缘联轴器　c）立体图

1、5—普通型平键　2、3—半联轴器　4—螺栓

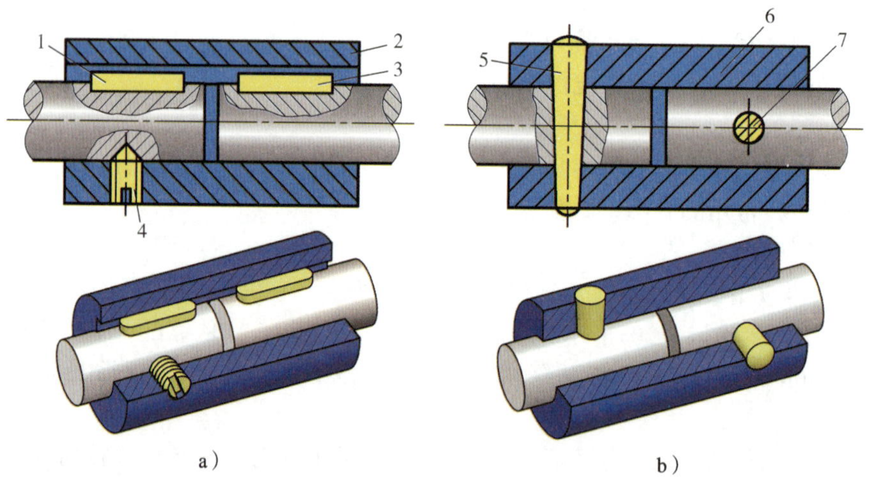

图3—21　套筒联轴器

a）用平键连接套筒和轴　b）用圆锥销连接套筒和轴

1、3—普通型平键　2、6—套筒　4—紧定螺钉　5、7—圆锥销

2. 无弹性元件挠性联轴器

无弹性元件挠性联轴器是利用自身具有的相对可动元件或间隙，使联轴器具有一定的位置补偿能力，因此允许相连两轴间存在一定的相对位移。这类联轴器适用于调整和运转时很难达到两轴完全对中的情况，常用的有滑块联轴器、齿式联轴器等。

（1）滑块联轴器

如图3—22所示，滑块联轴器是利用中间滑块4在其两侧半联轴器3、5端面的相应径向

槽内的滑动，以实现两半联轴器的连接，并获得补偿两相连轴相对位移的能力。这种联轴器的主要优点是允许两轴有较大的位移。由于滑块偏心运动产生离心力，这种联轴器只适用于低速运转、轴的刚度较大、无剧烈冲击的场合。

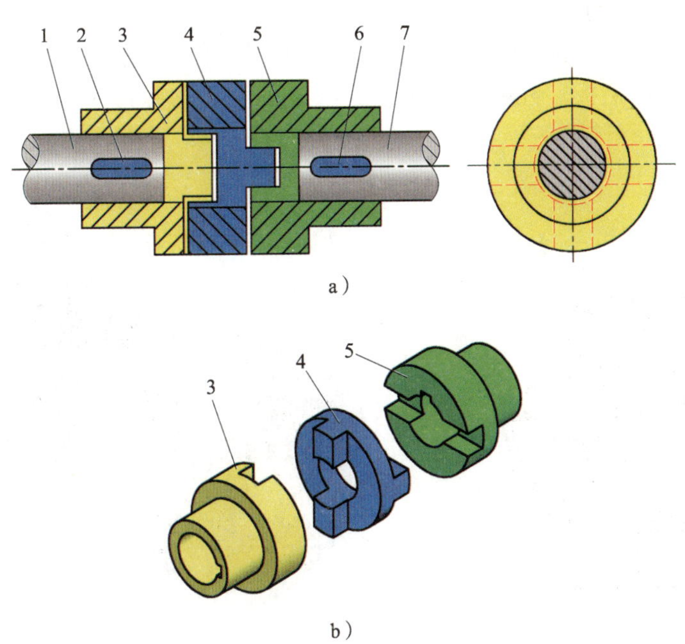

图3—22　滑块联轴器

a）视图　b）立体图

1、7—轴　2、6—平键　3、5—半联轴器　4—滑块

（2）齿式联轴器

如图3—23所示，齿式联轴器由两个带内齿的外壳和两个带外齿的内套筒组成，两个内套筒分别用键和两轴连接，两个外套筒用螺栓连为一体，利用内、外轮齿的啮合传递转矩。

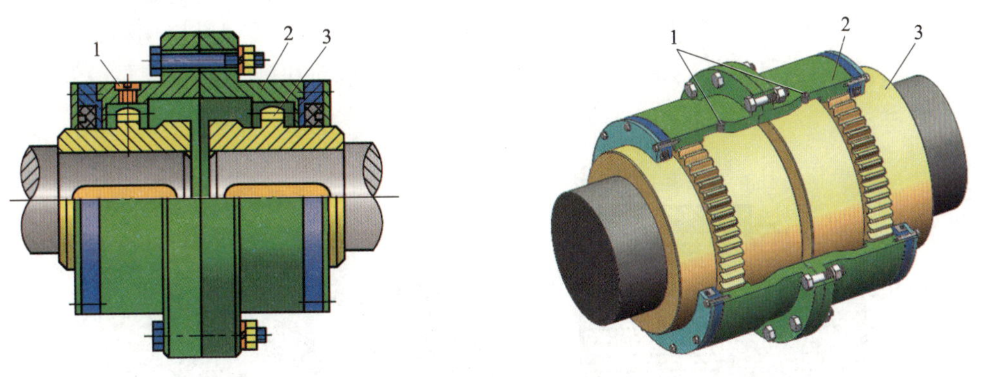

图3—23　齿式联轴器

1—注油孔　2—有内齿的外壳　3—有外齿的内套筒

齿式联轴器同时啮合的齿数多，承载能力强，结构紧凑，使用的速度范围广，工作可靠，且又具有较大的位移补偿能力，因而被广泛应用于重载下工作或高速运转的水平轴连接。这种联轴器的缺点是结构较为复杂、笨重，造价高。

3. 有弹性元件挠性联轴器

常用的有弹性元件挠性联轴器有弹性柱销联轴器和弹性套柱销联轴器等。

（1）弹性柱销联轴器

弹性柱销联轴器也称为尼龙柱销联轴器，如图3—24所示，它是利用若干个由非金属材料制成的柱销置于两个半联轴器的凸缘上的孔中，以实现两轴的连接。为了防止柱销滑出，在柱销两端配置挡板。柱销通常用尼龙制成，而尼龙具有一定的弹性和较好的耐磨性。

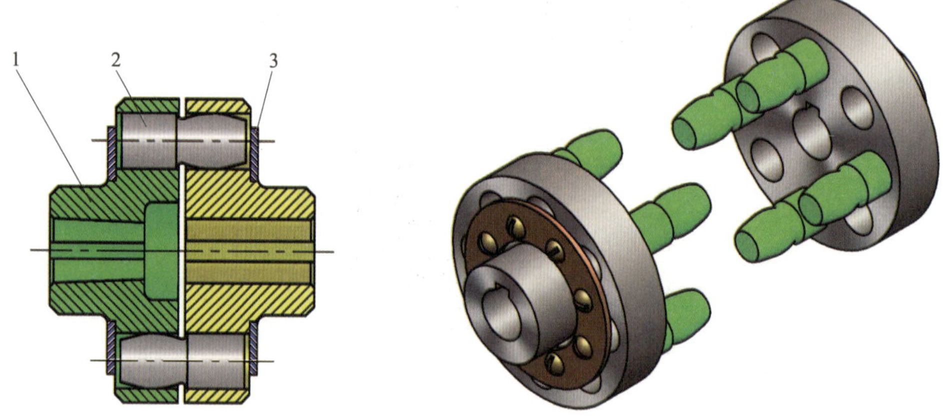

图3—24　弹性柱销联轴器

1—半联轴器　2—弹性柱销　3—挡板

这种联轴器的结构简单，制造、安装和维修方便，可以补偿两轴偏移、吸振和缓冲，多用于双向运转、启动频繁、转速较高、转矩不大的场合。尼龙对温度较敏感，一般在-20～60℃的环境温度下工作。

（2）弹性套柱销联轴器

如图3—25所示，弹性套柱销联轴器与凸缘联轴器很相似，所不同的是用套有弹性套的柱销代替螺栓，工作时通过弹性套传递转矩。利用弹性套，不仅可以补偿偏移，还可以缓冲和吸振，但弹性套容易损坏，通常用于转速较高、频繁启动和旋转方向需要经常改变的场合。

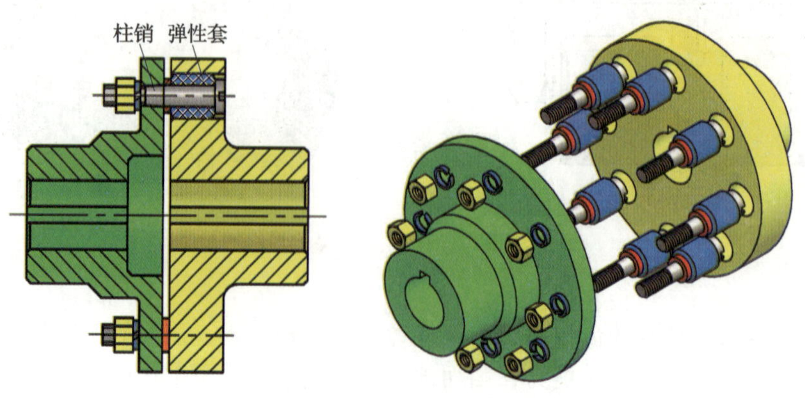

图3—25　弹性套柱销联轴器

二、离合器

离合器是一种可以通过各种操纵方式，实现从动轴与主动轴在运转过程中进行接合或分离的装置。离合器的种类很多，下面介绍几种常见的离合器。

1. 牙嵌离合器

牙嵌离合器是由两个端面带牙的半离合器组成，如图3—26所示。左半离合器2用普通型平键9和紧定螺钉8固定在主动轴1上，右半离合器3则用导向型平键4（或花键）与从动轴5构成可滑动的连接。通过操纵机构可使右半离合器3沿导向型平键4做轴向移动，以实现两半离合器的接合和分离。为了保证两轴的对中，在主动轴1上的左半离合器2上装有一个对中环7，从动轴5的轴端始终置于对中环7的内孔中。当离合器接合时，从动轴5与对中环7同步旋转；当离合器分离时，对中环7继续旋转而从动轴5不转。牙嵌离合器常用的牙型有三角形、梯形和矩形等，如图3—27所示。

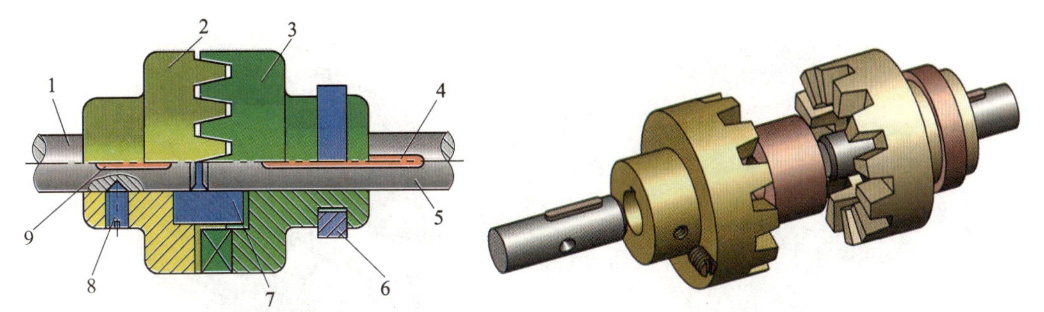

图3—26　牙嵌离合器

1—主动轴　2—左半离合器　3—右半离合器　4—导向型平键　5—从动轴　6—滑环
7—对中环　8—紧定螺钉　9—普通型平键

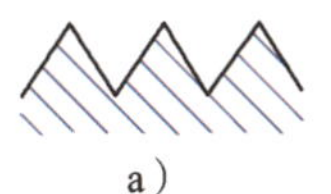
a）

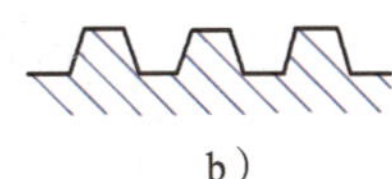
b）

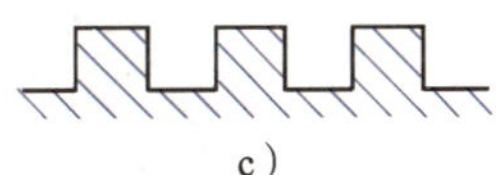
c）

图3—27　常用牙嵌离合器的牙型

a）三角形　b）梯形　c）矩形

牙嵌离合器结构简单，外廓尺寸小，能保证两轴同步运转，但只能在停车或低速转动时才能进行接合，故常用于低速和不需要在运转中进行接合的机械上。

2. 单圆盘摩擦式离合器

摩擦式离合器是利用主、从动半离合器摩擦片接触面间的摩擦力来传递转矩的，它是能在高速下离合的机械离合器。摩擦式离合器的形式很多，图3—28所示为单圆盘摩擦式离合器，主动摩擦盘2与主动轴1用普通型平键8连接，从动摩擦盘3与从动轴4通过导向型平键5连接。工作时，利用操纵装置对从动摩擦盘3上的滑环7施加一个轴向压力，使从动摩擦盘3向右移动，与主动摩擦盘2接触并压紧，从而在两圆盘的结合面间产生摩擦力以传递转矩。单圆盘摩擦式离合器结构简单，散热性好，但传递的转矩较小。

3. 多片摩擦式离合器

如图3—29所示，多片摩擦式离合器有两组摩擦片，一组外摩擦片4（图3—29c）的外缘上有三个凸齿，被镶插在毂轮2内缘的纵向凹槽中，外摩擦片4的内孔壁不与任何零件接

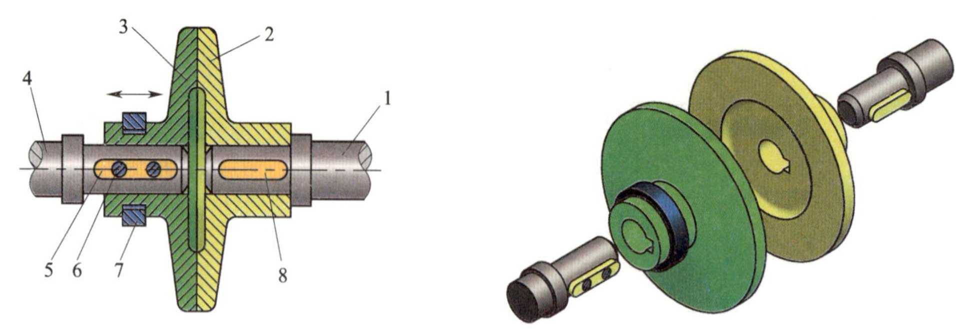

图3—28　单圆盘摩擦式离合器

1—主动轴　2—主动摩擦盘　3—从动摩擦盘　4—从动轴

5—导向型平键　6—螺钉　7—滑环　8—普通型平键

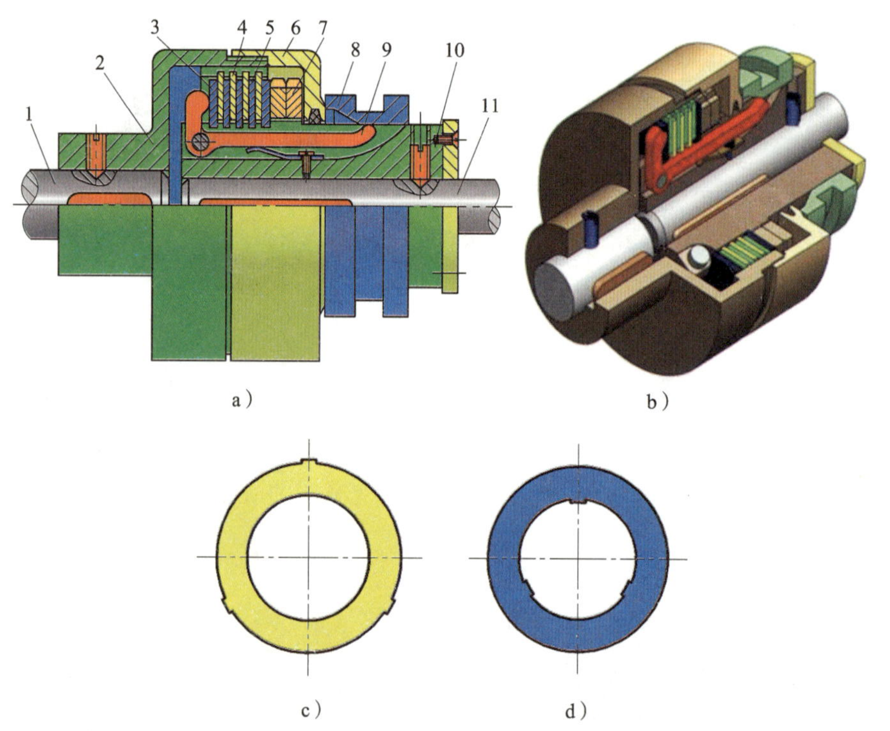

图3—29　多片摩擦式离合器

a）视图　b）立体图　c）外摩擦片　d）内摩擦片

1—主动轴　2—毂轮　3—压板　4—外摩擦片　5—内摩擦片　6—外壳

7—调节螺母　8—滑环　9—曲臂压杆　10—内套筒　11—从动轴

触，故可随主动轴1一起转动；另一组内摩擦片5（图3—29d）的内孔壁上有三个凸齿与内套筒10外缘上的纵向凹槽配合，内摩擦片5的外缘不与任何零件接触，故可随从动轴11一起转动。内、外两组摩擦片均可沿轴向移动。另外，在内套筒10上开有三个纵向槽，槽中装有可绕销轴转动的曲臂压杆9，当滑环8向左移动时，曲臂压杆9可通过压板3，将所有内、外摩擦片压在调节螺母7上，使离合器处于接合状态。当滑环8向右移动时，曲臂压杆9由弹簧片顶起，此时主动轴1与从动轴11的传动被分离。多片摩擦式离合器可以通过增加摩擦片的数目提高传递转矩的能力。

多片摩擦式离合器能传递较大的转矩而又不会使其径向尺寸过大，故在机床、汽车等机械中得到广泛应用。

三、制动器

制动器是用于机械减速或使其停止的装置，有时也用作调节或限制机械的运动速度。它是保证机械正常安全工作的重要部件。常用的制动器是利用摩擦力制动的摩擦制动器。按制动零件的结构特征不同，制动器一般有带式制动器和外抱块式制动器等。

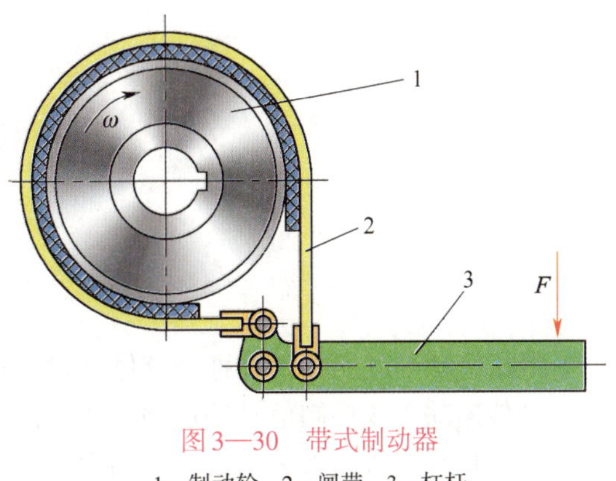

图3—30　带式制动器

1—制动轮　2—闸带　3—杠杆

1. 带式制动器

如图3—30所示，带式制动器由闸带、制动轮和杠杆等组成，当力F作用时，利用杠杆机构收紧闸带而抱住制动轮，靠闸带与制动轮间的摩擦力达到制动的目的。带式制动器结构简单，径向尺寸小，但制动力不大。为了增加摩擦效果，闸带材料一般为钢带上覆以石棉或夹铁砂帆布。带式制动器常用于中、小载荷的起重运输机械、车辆及人力操纵的机械中。

2. 外抱块式制动器

外抱块式制动器如图3—31所示，拉伸弹簧3通过制动臂5使闸瓦块2压紧在制动轮1上，使制动器处于闭合（制动）状态。当松闸器6通入电流时，利用电磁作用把顶柱顶起，通过推杆4带动制动臂5向外张开，使闸瓦块2与制动轮1松脱。闸瓦块的材料可采用铸铁，也可在铸铁上覆以皮革或石棉。这种制动器制动和开启迅速、尺寸小、质量轻，但制动时冲击大，不适用于制动力矩大和需要频繁启动的场合。

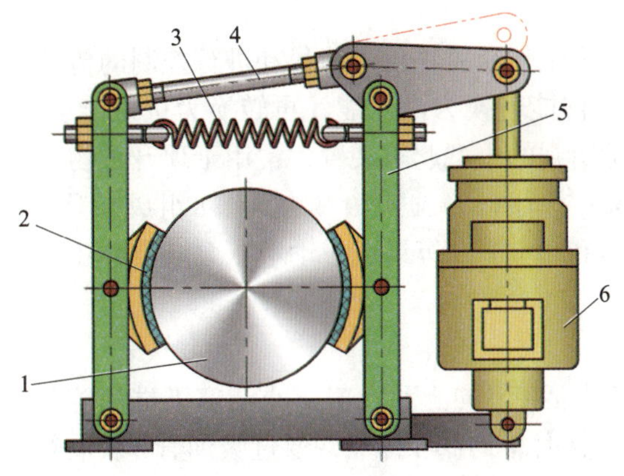

图3—31　外抱块式制动器

1—制动轮　2—闸瓦块　3—拉伸弹簧　4—推杆　5—制动臂　6—松闸器

第 4 章 液压传动与气压传动

液压传动与气压传动统称为流体传动，都是利用有压力的流体（液体或气体）作为工作介质来传递动力或控制信号的传动方式。液压传动与气压传动技术能实现对转矩和速度的无级调节，具有能传递大的动力、结构简单、体积小、质量轻、操纵控制方便，能较容易地实现较复杂工作循环的优点，被广泛应用于工程机械、矿山机械、冶金机械、金属切削机床、轻工机械、运输机械、军工机械、各类装载机等。

§4—1 液压传动

一、液压传动概述

1. 液压传动的基本原理

液压传动是用液体作为工作介质来传递能量和进行控制的传动方式。它利用柱塞、缸体等元件，通过压力油将机械能转换为液压能，再转换为机械能。液压千斤顶（图4—1）是一个在生产、生活中经常用到的小型起重装置，常用于顶升重物。它是利用液压传动进行工作的，其工作原理如图4—2所示。大缸体9和大活塞8组成举升液压缸，杠杆手柄1、小缸体2、小活塞3、单向阀4和单向阀7等组成手动液压泵。具体工作过程如下：

（1）小活塞吸油

当提起杠杆手柄1使小活塞3向上移动时，小活塞下端油腔容积增大，形成局部真空，这时单向阀4打开，通过吸油管5从油箱12中吸油。

（2）小活塞压油

当用力压下手柄时，小活塞下移，小缸体的下腔压力升高，单向阀4关闭，单向阀7打开，下腔的油液经管道6输入大缸体

图4—1 液压千斤顶

9的下腔，迫使大活塞8向上移动，顶起重物。

再次提起杠杆手柄1吸油时，单向阀7关闭，使大缸体9中的油液不能倒流。不断往复扳动杠杆手柄，就能不断地将油液压入大缸体9的下腔，使重物逐渐地升起。

（3）大活塞泄油

打开截止阀11，大缸体下腔的油液通过管道10、截止阀11流回油箱，大活塞8在重物和自重的作用下向下移动，回到原位。

通过以上分析，可总结出液压传动的工作原理：液压传动是以压力油为工作介质，通过动力元件（油泵）将原动机的机械能转换为压力油的压力能；再通过控制元件，借助执行元件（液压缸或液压马达）将压力能转换为机械能，驱动负载实现直线或回转运动；通过控制元件对压力和流量的调节，可以调定执行元件的力和速度。

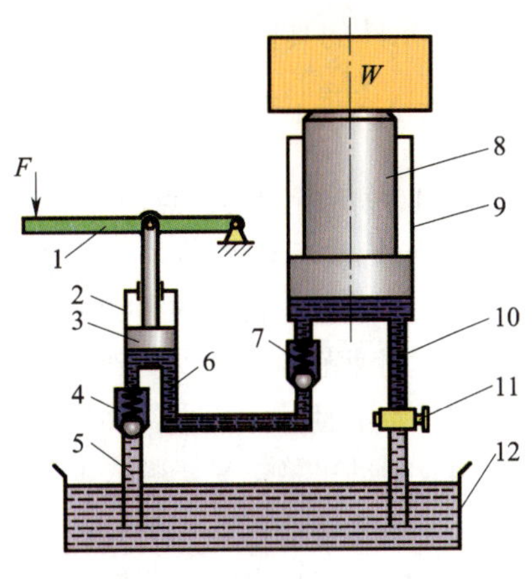

图4—2　液压千斤顶的工作原理

1—杠杆手柄　2—小缸体　3—小活塞　4、7—单向阀　5—吸油管　6、10—管道　8—大活塞　9—大缸体　11—截止阀　12—油箱

2. 液压传动系统的组成

液压传动系统由动力部分、执行部分、控制部分、辅助部分和工作介质五部分组成。

（1）动力部分

动力部分将原动机输出的机械能转换为油液的压力能（液压能）。动力元件为液压泵。在液压千斤顶中由单向阀4、小活塞3、小缸体2、杠杆手柄1和单向阀7等组成的手动柱塞泵为动力元件。

（2）执行部分

执行部分将液压泵输入的油液压力能转换为带动机构工作的机械能。执行元件有液压缸和液压马达。在液压千斤顶中由大活塞8和大缸体9组成的液压缸为执行元件。

（3）控制部分

控制部分用来控制和调节油液的压力、流量和流动方向。控制元件有各种压力控制阀、流量控制阀和方向控制阀等。在液压千斤顶中截止阀为控制元件。

（4）辅助部分

辅助部分将动力、执行和控制部分连接在一起，组成一个系统，起储油、过滤、测量和密封等作用，以保证系统正常工作。辅助元件有油箱、过滤器、蓄能器、管路、管接头、密封件及控制仪表等。在液压千斤顶中油管、油箱等为辅助元件。

（5）工作介质

液压传动系统中还包括工作介质，主要是指传递能量的液体介质，即各种液压油。

3. 液压元件的图形符号

如图4—2所示的液压千斤顶工作原理图直观性强，容易理解，但绘制起来比较麻烦，系统中元件数量多时，绘制更加不便。为了简化原理图的绘制，系统中各元件可用图形符号表示，如图4—3所示。这些符号只表示元件的职能（即功能）、控制方式以及外部连接口，不表示元件的具体结构、参数以及连接口的实际位置和元件的安装位置。

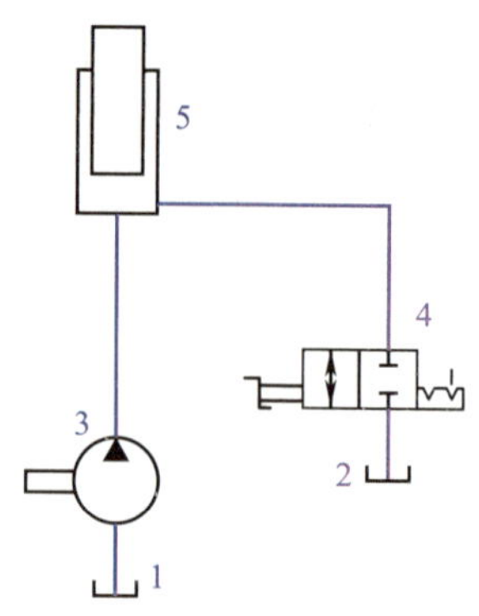

图4—3　液压千斤顶工作原理图形符号图
1、2—油箱　3—液压泵
4—液压阀　5—液压缸

4. 液压传动的应用特点

（1）液压传动的优点

液压传动与机械传动、电气传动相比，有以下优点：

1）易于获得很大的力和力矩。

2）调速范围大，易实现无级调速。

3）质量轻，体积小，动作灵敏。

4）传动平稳，易于频繁换向。

5）易于实现过载保护。

6）便于采用电液联合控制以实现自动化生产。

7）液压元件能够自润滑，元件使用寿命长。

8）液压元件已实现系列化、标准化、通用化。

（2）液压传动的缺点

1）泄漏会引起能量损失（称为容积损失），这是液压传动中的主要损失。此外，还有管道阻力及机械摩擦所造成的能量损失（称为机械损失），所以液压传动的效率较低。

2）液压系统产生故障时，不易找到原因，维修困难。

3）为减少泄漏，液压元件的制造精度要求较高。

5. 液压系统的基本参数

液压千斤顶的简化模型如图4—4所示，液压千斤顶可以认为是两个连通的液压缸，当对小活塞施加一个足够大的压力F时，就会对小液压缸中的液压油产生一个压力，并通过管路中的液压油传递给大活塞2，从而顶起重物G。要想掌握液压传动的基本原理和性质，必须首先了解压力和流量的概念。

（1）压力

油液的压力是由油液的自重和油液受到外力作用而产生的。在液压传动中，由于油液的自重而产生的压力一般很小，可忽略不计。所以，液压系统的压力是指液体在单位面积上所受的法向作用力（图4—5），压力用p表示，即：

$$p = F/A$$

式中　p——压力，N/m^2或Pa；

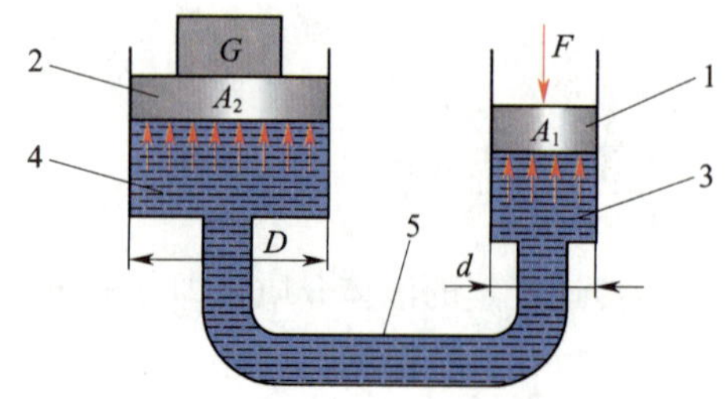

图4—4　液压千斤顶的简化模型
1—小活塞　2—大活塞　3—小液压缸
4—大液压缸　5—管路

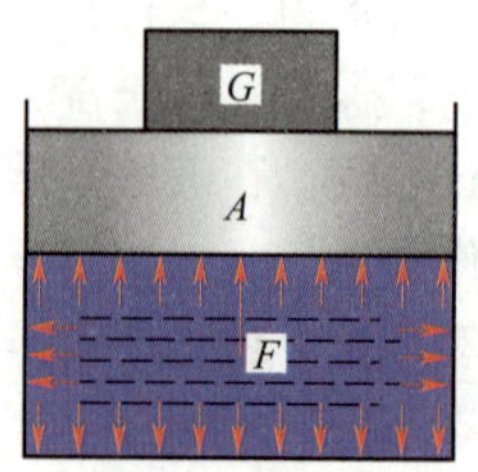

图4—5　液体压力

F——法向力，N；

A——受力面积，m^2。

（2）流量

单位时间内流过某一通道截面的液体体积称为流量。通常所说的流量是指平均流量，用q_v表示。即：

$$q_v = V/t$$

式中　q_v——流量，m^3/s；

V——流过某截面的液体体积，m^3；

t——液体流过的时间，s。

流量q_v的单位为m^3/s，工程中也常用L/min，两者的换算关系为：$1\ m^3/s = 6\times10^4$ L/ min。

二、液压动力元件

液压泵是液压传动系统的动力元件，它是将电动机或其他原动机输出的机械能转换为液压能的装置。它的作用是向液压传动系统提供压力油。

1. 液压泵的工作原理

图4—6所示为一个简单的单柱塞泵的结构示意图，下面以此为例说明液压泵的工作原理。

柱塞2安装在泵体3内，柱塞2在弹簧4的作用下始终与偏心轮1接触。当偏心轮转动时，柱塞受偏心轮驱动力和弹簧力的作用分别做左右运动。当柱塞向右运动时，其左端和泵体间的密封容积增大，形成局部真空，油箱中的油液在大气压的作用下通过单向阀5进入泵体3内，单向阀6封住出油口，防止系统中的油液回流，此时液压泵完成吸油过程。

当柱塞向左运动时，密封容积减小，单向阀5封住吸油口，防止油液流回油箱，于是泵体内的油液受到挤压，经单向阀6进入系统，此时液压泵完成压油过程。若偏心轮不停地转动，泵体就不断地吸油和压油。

2. 液压泵的类型及图形符号

（1）液压泵的类型

液压泵的种类很多，按其结构不同，分为齿轮泵、叶片泵、柱塞泵和螺杆泵等；按其输油方向能否改变，分为单向泵和双向泵；按其输出的流量能否调节，分为定量泵和变量泵；按其额定压力高低不同，分为低压泵、中压泵和高压泵等。

（2）液压泵的图形符号

液压泵的图形符号见表4—1。

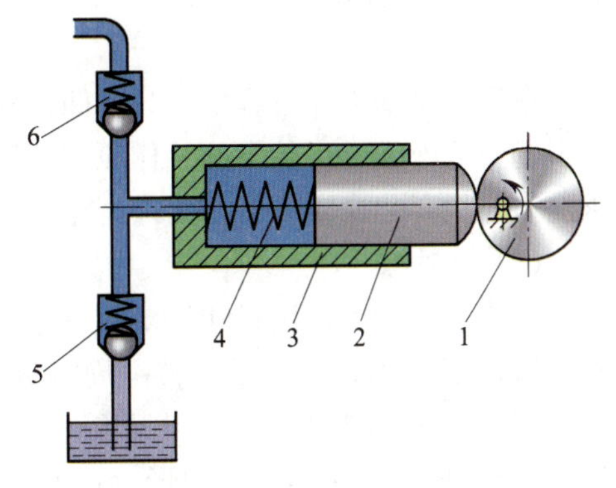

图4—6　单柱塞泵的结构示意图

1—偏心轮　2—柱塞　3—泵体
4—弹簧　5、6—单向阀

3. 常用液压泵

（1）外啮合齿轮泵

齿轮泵有外啮合齿轮泵和内啮合齿轮泵两种结构形式。外啮合齿轮泵结构简单，成本低，抗污及自吸性好，因此广泛应用于低压系统。

表 4—1　　液压泵的图形符号

名称	图形符号	说　明
液压泵一般符号		无特殊要求的液压泵
单向定量液压泵		单向旋转，单向流动，定排量
双向定量液压泵		双向旋转，双向流动，定排量
单向变量液压泵		单向旋转，单向流动，变排量

外啮合齿轮泵的结构如图 4—7 所示，它主要由左泵盖 1、右泵盖 4、泵体 3、主动齿轮轴 5、从动齿轮轴 9 等组成。泵的左泵盖 1、右泵盖 4 和泵体 3 由两个圆柱销 10 定位，用 6 个螺钉 2 连接。为了保证齿轮能灵活转动，同时又要保证泄漏量最小，在齿轮端面和泵盖之间、齿顶和泵体内表面间都应有适当间隙。

外啮合齿轮泵的工作原理如图 4—8 所示。当齿轮按图示箭头方向旋转时，右方吸油室由于相互啮合的轮齿逐渐脱开，密封工作容积逐渐增大，形成局部真空，因此油箱中的油液在外界大气压力的作用下，经吸油口进入吸油腔，将齿间的槽充满，并随着齿轮旋转，把油液带到左侧压油室。随着齿轮的相互啮合，压油室密封工作腔容积不断减小，油液便被挤出，从压油口输送到压力管路中去。齿轮啮合时，轮齿的接触线把吸油腔和压油腔分开。

在齿轮泵的工作过程中，只要两齿轮的旋转方向不变，其吸油腔和压油腔的位置也就确定不变。从外啮合齿轮泵的工作原理可以看出，油泵在工作时，吸油和压油是依靠吸油室和压油室容积变化来实现的，所以齿轮泵是容积泵。

（2）叶片泵

叶片泵分为单作用式叶片泵和双作用式叶片泵，单作用式是转子每转一周完成吸、压油各一次，双作用式是转子每转一周完成吸、压油各两次，前者用作变量泵，后者用作定量泵。图 4—9 所示为单作用式叶片泵。它主要由泵体 5、转子 1、定子 4、叶片 2 和配油盘（端盖）3 等组成。定子表面为圆形，转子和定子之间有偏心距 e。

如图 4—9 所示，当转子回转时，由于离心力的作用使叶片顶部紧靠在定子内壁上，这样两相邻的叶片与定子内表面、转子外表面及两端配油盘间构成了若干个密封容积。

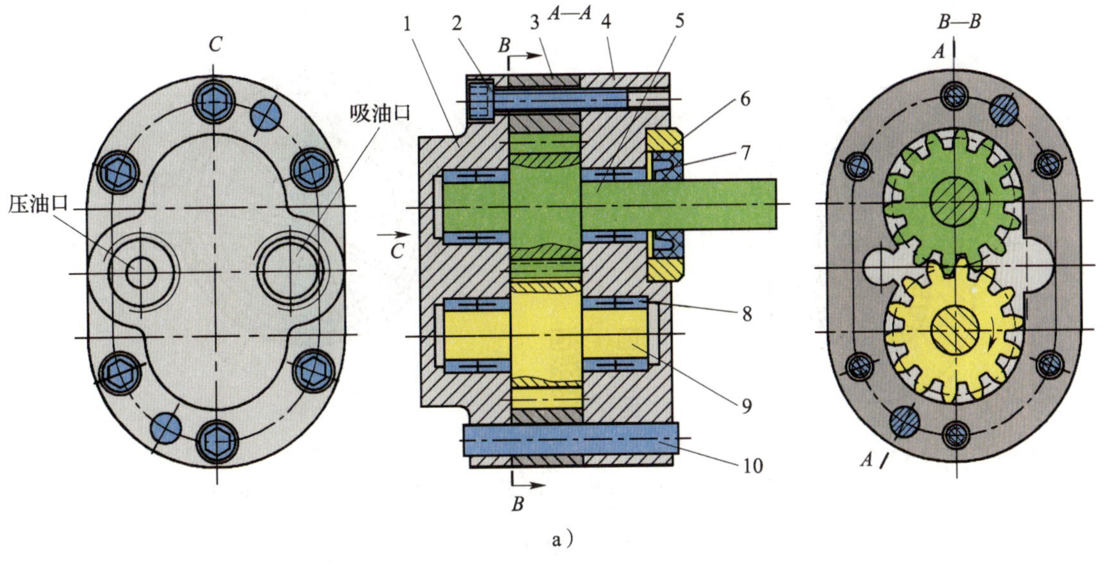

a）

b）

图4—7　外啮合齿轮泵的结构

a）结构图　b）实体图

1—左泵盖　2—螺钉　3—泵体　4—右泵盖　5—主动齿轮轴

6—压环　7—密封圈　8—滚针轴承　9—从动齿轮轴　10—圆柱销

1）吸油过程。当转子按图示箭头方向回转时，右边的叶片逐渐伸出，相邻两叶片间的密封容积逐渐增大，形成局部真空，油箱中的油液在大气压作用下，经配油盘的吸油窗口吸入吸油腔，实现吸油。

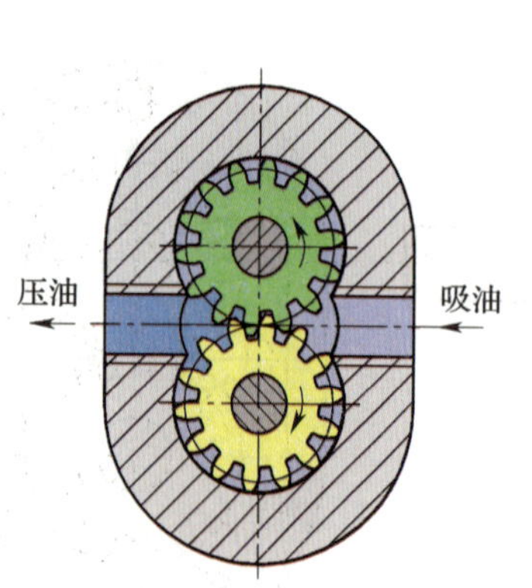

图4—8　外啮合齿轮泵的工作原理

封油区
压油区
吸油区
封油区
e

图4—9　单作用式叶片泵的工作原理

1—转子　2—叶片　3—配油盘　4—定子　5—泵体

2）压油过程。左边的叶片被定子内壁逐渐压入槽内，密封容积逐渐减小，将油液经配油盘的压油窗口压出，实现压油。

在吸油区和压油区之间有一段封油区将它们隔开。

改变转子1与定子4的偏心距e，即可改变泵的流量。

（3）柱塞泵

柱塞泵是利用柱塞在有柱塞孔的缸体内做往复运动，使密封容积发生变化而实现吸油和压油的。按柱塞排列方向的不同，柱塞泵分为径向柱塞泵和轴向柱塞泵两类，常用的为轴向柱塞泵。

如图4—10所示，轴向柱塞泵主要由柱塞、缸体、斜盘、压板、传动轴和配油盘等组成。

图4—10　轴向柱塞泵

a）实物图　b）结构图

1—斜盘　2—压板　3—缸体　4—配油盘　5—传动轴　6—柱塞　7—斜盘调节机构

轴向柱塞泵的工作原理如图4—11所示，斜盘1和配油盘10固定不动，斜盘法线与缸体轴线有交角α。缸体7由传动轴9带动旋转，内套筒4在弹簧6的作用下，通过压板3使柱塞5头部的滑履2紧靠在斜盘上，外套筒8在弹簧6的作用下，使缸体7与配油盘10紧密接触，起密封作用。在配油盘10上开有两个腰形吸、压油口。

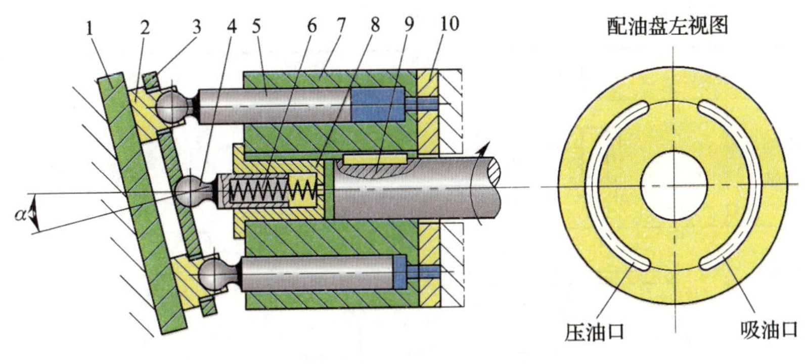

图4—11　轴向柱塞泵的工作原理

1—斜盘　2—滑履　3—压板　4—内套筒　5—柱塞　6—弹簧

7—缸体　8—外套筒　9—传动轴　10—配油盘

当传动轴9带动缸体7按图4—11所示方向旋转时，在前半周内，柱塞逐渐向外伸出，柱塞与缸体孔内的密封容积逐渐增大，形成局部真空，通过配油盘的吸油口吸油；缸体在后半周时，柱塞在斜盘斜面作用下，逐渐被压入柱塞孔内，密封容积逐渐减小，通过配油盘的压油口压油；缸体每转一转，每个柱塞往复运动一次，完成吸、压油各一次。

如果改变斜盘的倾角α的大小，可改变柱塞行程的长度，从而改变了泵的输出流量，如果改变斜盘的倾斜方向，则泵的吸、压油口互换，所以轴向柱塞泵是双向变量泵。

三、液压执行元件

液压执行元件是指将液压能转换为机械能的能量转换装置，有液压缸和液压马达等，液压缸能将液压能转换为往复直线运动形式的机械能，液压马达能将液压能转换为连续回转的机械能。

1. 液压缸的类型及图形符号

液压缸的类型很多，液压缸按油压的作用形式可分为单作用液压缸和双作用液压缸，具体分类方法见表4—2。

表4—2　液压缸的类型及图形符号

类型	名称	图形符号	说　明
单作用液压缸	单作用柱塞缸		柱塞仅单向液压驱动，返回行程是利用自重或其他外力将柱塞推回
	单作用单杆缸		活塞(杆)仅单向液压驱动，返回行程利用弹簧力将活塞推回
	单作用伸缩缸		以短缸获得长行程。用油液压力将活塞由大到小逐节推出，靠外力由小到大逐节缩回

续表

类型	名称	图形符号	说　明
双作用液压缸	双作用单杆缸		单边有杆，双向液压驱动，双向推力和速度不等
	双作用双杆缸		双边有杆，双向液压驱动，可实现等速往复运动
	双作用伸缩缸		双向液压驱动，活塞伸出时由大到小逐节推出，复位时由小到大逐节缩回

2. 常用液压缸

（1）双作用单杆液压缸

双作用单杆液压缸是一种最常用的液压缸，它只有一端带活塞杆，其结构如图4—12所示，这种液压缸主要由缸筒10、活塞11、活塞杆6、缸底12和缸盖（兼导向套)3等组成。无缝钢管制成的缸筒与缸底焊接在一起。为了防止油液内外泄漏，在缸筒与活塞之间、缸筒与缸盖（兼导向套）之间、活塞杆与缸盖（兼导向套）之间分别安装了密封圈。油口A和油口B都可以通液压油，以实现双向运动，故称为双作用液压缸。

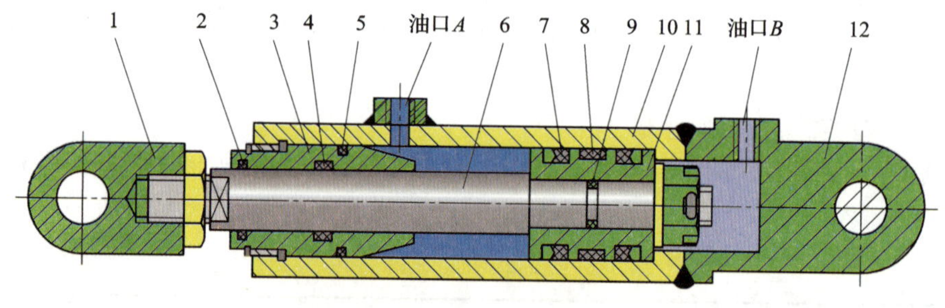

图4—12　双作用单杆液压缸

1—耳环　2、4、5、7、8、9—密封圈　3—缸盖（兼导向套）
6—活塞杆　10—缸筒　11—活塞　12—缸底

双作用单杆液压缸的结构特点是活塞的一端有杆，而另一端无杆，活塞两端的有效作用面积不等。工作时，活塞杆伸出时运动速度慢，活塞获得的推力大；活塞杆退回时运动速度快，活塞获得的推力小。这种液压缸常用于各类机床，以满足较大负载、慢速工作进给和空载时快速退回的工作需要。

此外，双作用单杆液压缸可实现差动连接。如图4—13所示，当压力油同时进入液压缸的左、右腔时，由于活塞两端的有效面积不等，作用于活塞两端的液压力也不等（左端液压力F_1 > 右端液压力F_2)，产生的推力等于活塞两侧液压

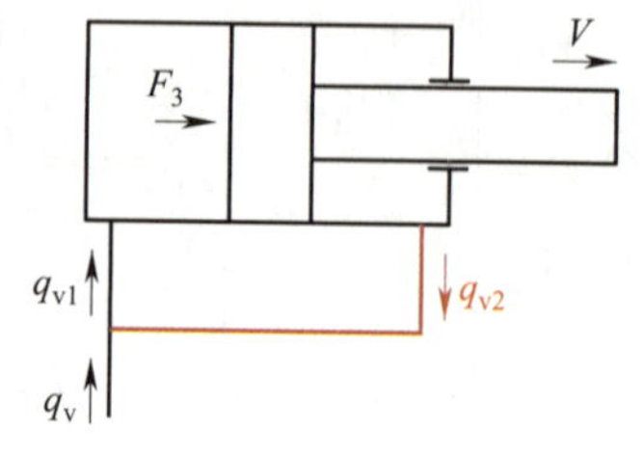

图4—13　差动连接的工作原理

力的差值，即 $F_3 = F_1 - F_2$。在推力 F_3 的作用下，活塞产生差动运动，工作台向有杆腔方向（右）运动。这时，液压缸有杆腔排出的油液进入液压缸无杆腔，无杆腔得到的总流量增加，活塞向右移动的速度也就加快了。

（2）双作用双杆液压缸

双作用双杆液压缸的活塞两端都带有活塞杆，其结构如图4—14所示，主要由缸盖、缸体、活塞杆、活塞及密封、防尘、连接等零件组成。缸体两端设有进、出油口。

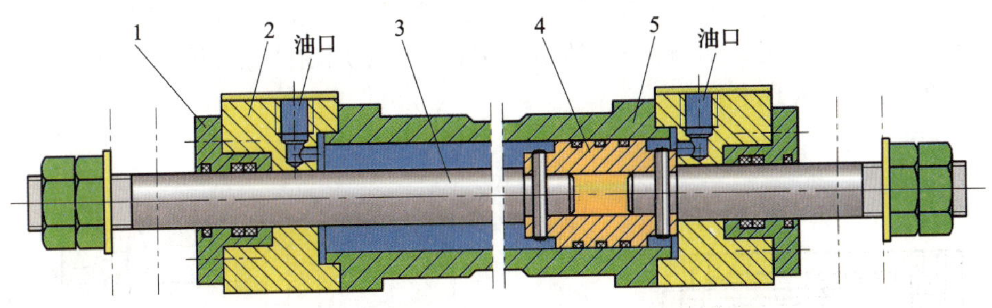

图4—14　双作用双杆液压缸的结构

1—导向套　2—缸盖　3—活塞杆　4—活塞　5—缸体

双作用双杆液压缸两腔的活塞杆直径和活塞有效作用面积通常是相等的。因此，当左、右两腔分别进入压力油时，若流量及压力相等，则活塞（缸体固定时）往复运动的速度及两个方向的液压推力相等。

（3）单作用柱塞缸

单作用柱塞缸（图4—15）只能在压力油的作用下产生单向运动，另一个方向的运动往往靠它本身的自重（竖直放置时）或其他外力来实现。单作用柱塞缸的缸体内壁与柱塞不接触，无须精加工，宜用于需要较长行程的场合。单作用柱塞缸的柱塞常做成空心的，以减轻质量，防止柱塞下垂（水平放置时），降低了密封装置的单向磨损。

单作用柱塞缸也可成对使用（图4—16），以便得到双向运动。

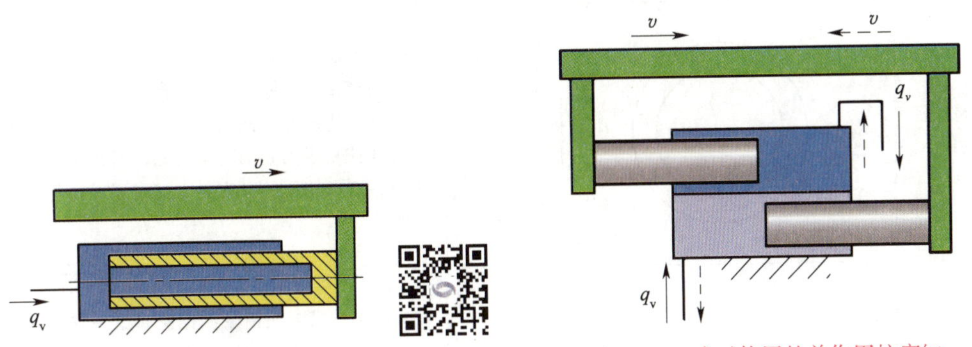

图4—15　单作用柱塞缸

图4—16　成对使用的单作用柱塞缸

（4）伸缩缸

伸缩缸又称多级缸，如图4—17所示，它由两级或多级活塞缸套装而成，前一级活塞缸的活塞就是后一级活塞缸的缸筒。收缩后液压缸的总长较短，结构紧凑，适用于安装空间受到限制而行程要求较长的场合，如起重机伸缩臂液压缸、自卸汽车举升液压缸和消防车云梯液压缸等。

3. 液压缸的密封和缓冲

（1）液压缸的密封

无论是液压缸还是其他液压元件，凡是容易泄漏的地方，都应该采取密封措施。作为液压传动系统的执行元件，液压缸密封性能的好坏直接影响其工作性能和效率，因此要求液压缸所选用的密封元件应在一定的压力下具有良好的密封性能，使泄漏不至于因压力升高而显著增加。

密封圈密封是液压传动系统中应用最广泛的一种密封方法，既可用于固定件的静密封，也可用于运动件的动密封，如图4—18所示。密封圈通常用耐油橡胶压制而成，它通过本身受压后的弹性变形来实现密封。

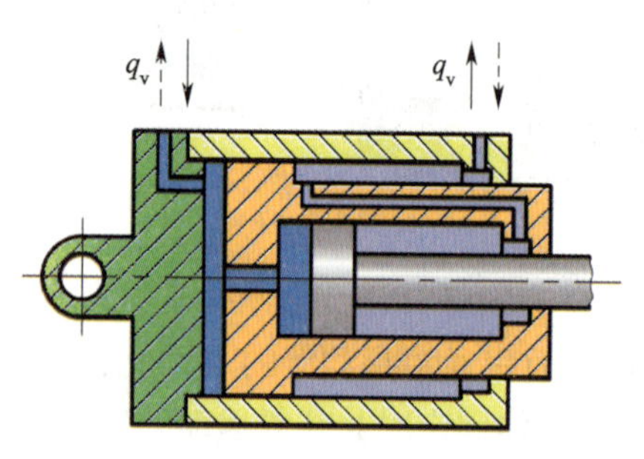

图4—17　伸缩缸

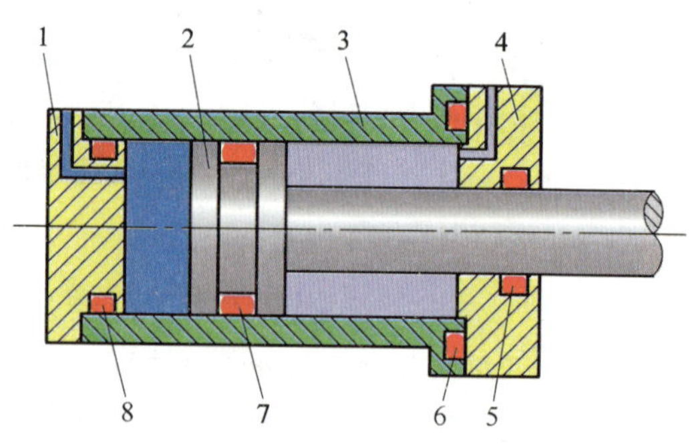

图4—18　密封圈在液压缸中的应用

1—前端盖　2—活塞　3—缸体　4—后端盖

5、7—动密封　6、8—静密封

常用的橡胶密封圈有O形橡胶密封圈、Y形橡胶密封圈和V形组合密封圈等，其结构和应用见表4—3。

表4—3　橡胶密封圈的结构及应用

名称	结　　构	材料、特点和应用场合
O形橡胶密封圈		O形橡胶密封圈一般用耐油橡胶制成，主要依靠装配后产生的压缩变形实现密封，它结构简单，密封性好，成本低，使用方便，应用广泛，既可用于做直线往复运动和回转运动的动密封，又可用于静密封；既可用于外径密封，又可用于内径密封和端面密封
Y形橡胶密封圈		Y形橡胶密封圈由耐油橡胶制成。它是利用油的压力使两唇边紧压在配合件的两结合面上实现密封，其密封能力可随压力的升高而提高，并且磨损后有一定的自动补偿能力。装配时，其唇口端应对着压力高的油腔。Y形橡胶密封圈主要用于往复运动的密封，是一种密封性较好、寿命较长的密封圈。它一般用于工作压力 p 小于等于20 MPa、工作温度 −30 ~ 100℃、速度小于等于0.5 m/s的场合

续表

名称	结　构	材料、特点和应用场合
V形组合密封圈	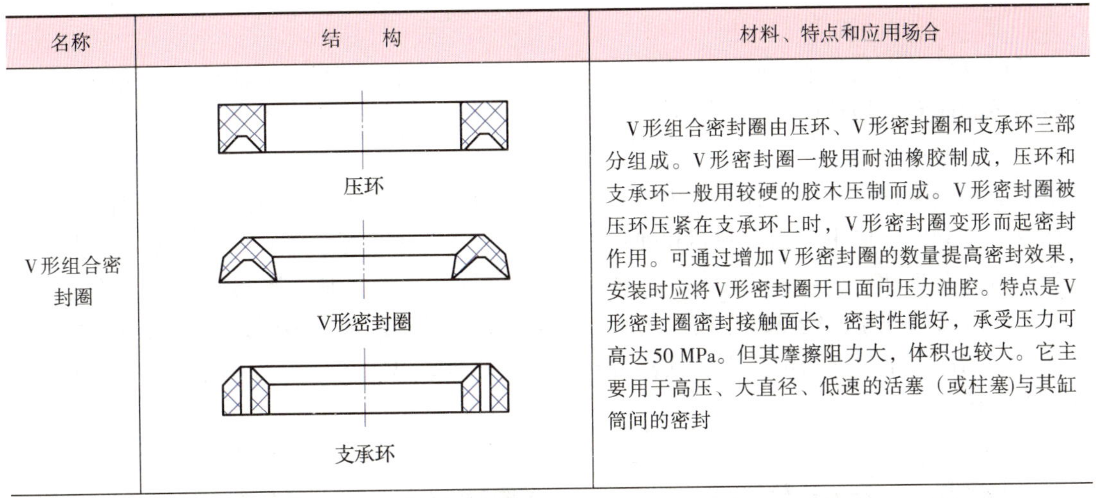	V形组合密封圈由压环、V形密封圈和支承环三部分组成。V形密封圈一般用耐油橡胶制成，压环和支承环一般用较硬的胶木压制而成。V形密封圈被压环压紧在支承环上时，V形密封圈变形而起密封作用。可通过增加V形密封圈的数量提高密封效果，安装时应将V形密封圈开口面向压力油腔。特点是V形密封圈密封接触面长，密封性能好，承受压力可高达50 MPa。但其摩擦阻力大，体积也较大。它主要用于高压、大直径、低速的活塞（或柱塞)与其缸筒间的密封

（2）液压缸的缓冲装置

液压缸的缓冲装置是为了防止活塞在行程终了时，由于惯性力的作用而与端盖发生撞击，导致液压缸损坏。一般液压缸都有缓冲装置，特别是当液压缸驱动重负荷或运动速度较大时，必须使用缓冲装置。但对于短行程液压缸和低速液压缸，一般不使用缓冲装置。

图4—19a所示为圆柱形环隙式缓冲装置，活塞端部有圆柱形缓冲柱塞，当柱塞运行至液压缸端盖上的圆柱孔内时，封闭在缸筒内的油液只能从环形间隙中挤压出去。这样活塞受到一个很大的、由间隙节流而造成的阻力，从而达到缓冲的目的。

图4—19b所示为圆锥形环隙式缓冲装置，其缓冲柱塞加工成圆锥体，其节流面积随着柱塞的深入而减小，缓冲压力变化平缓，缓冲效果优于圆柱形环隙式缓冲装置。

图4—19c所示为可变节流槽式缓冲装置，它是在缓冲柱塞上开有几个均布的轴向三角形节流沟槽，随着柱塞的深入，其节流面积逐渐减小，其缓冲压力变化平稳。

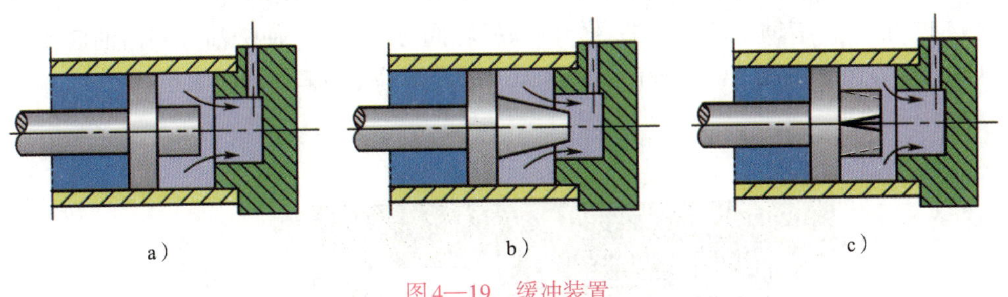

图4—19　缓冲装置

a）圆柱形环隙式　b）圆锥形环隙式　c）可变节流槽式

四、液压控制元件

在液压传动系统中，为了控制和调节液流的方向、压力和流量，以满足工作机械的各种要求，就要用到液压控制元件，即液压控制阀。液压控制阀是液压传动系统中不可缺少的重要元件。

根据用途和工作特点的不同，液压控制阀分为方向控制阀（包括单向阀和换向阀）、压力控制阀和流量控制阀三大类。

1. 单向阀

单向阀的作用是使通过阀的油液只向一个方向流动，而不能反方向流动。常用的单向阀有普通单向阀和液控单向阀。

（1）普通单向阀

普通单向阀根据连接方式可分为管式和板式两种。图4—20所示为两种管式单向阀，其结构基本相同，主要由阀体、阀芯和弹簧等组成。其工作原理是：液体从P口流入，克服弹簧力而将阀芯顶开，再从A口流出。当液压油反向流入时，由于阀芯被压紧在阀座的密封面上，所以液流被截止。钢球式单向阀的阀芯为球体，其结构简单；锥阀式单向阀的阀芯为锥套，它与阀体的密封面为圆锥面，其密封效果优于钢球式单向阀。管式单向阀可以直接与油管接头连接。

图4—20　管式单向阀

a）钢球式单向阀　b）锥阀式单向阀　c）单向阀图形符号

1—阀体　2—阀芯　3—弹簧

（2）液控单向阀

根据液压传动系统的需要，有时要使被单向阀所闭锁的油路重新接通，为此把单向阀做成闭锁油路能够控制的结构，这就是液控单向阀。图4—21所示为液控单向阀的结构原理及图形符号。在图4—21a中，当控制油口K未通控制压力油时，主通道中的油液只能从进油口A流入，顶开阀芯从出油口B流出，相反方向则闭锁。当控制油口K接通控制压力油时，推动活塞1向右移动，借助于活塞右端悬伸的顶杆将阀芯3顶开，使进油口和出油口接通，油液可以沿两个方向自由流动。由控制油口K漏出的油液经泄油口L流回油箱。

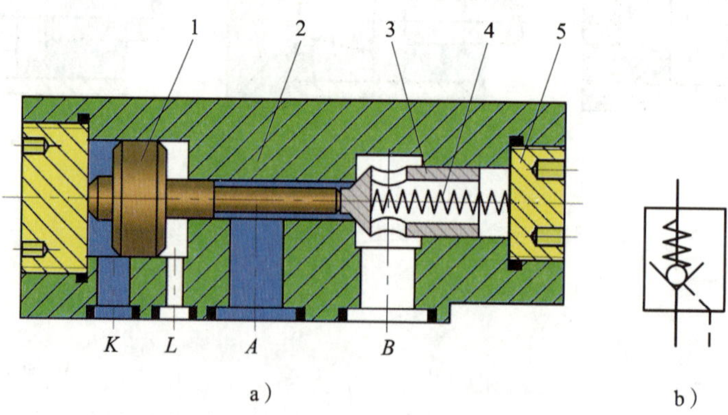

图4—21　液控单向阀的结构原理及图形符号

a）结构原理图　b）图形符号

1—活塞　2—阀体　3—阀芯　4—弹簧　5—螺塞

2. 换向阀

（1）换向阀的结构和工作原理

换向阀是利用阀芯在阀体内的轴向移动，改变阀芯和阀体间的相对位置，以变换油液流动的方向及接通或关闭油路，从而控制执行元件的换向、启动和停止。换向阀的类型很多，下面主要分析二位二通手动换向阀和二位四通电磁换向阀的结构和工作原理。

1）二位二通手动换向阀。图4—22a所示为二位二通手动换向阀的实物，图4—22b所示为其结构原理，它由手柄1、阀体2、阀芯3等组成。阀芯能在阀体的孔内滑动，扳动手柄，即可改变阀芯与阀体的相对位置，从而使油路接通或断开。阀芯的定位靠钢珠4和弹簧5实现。

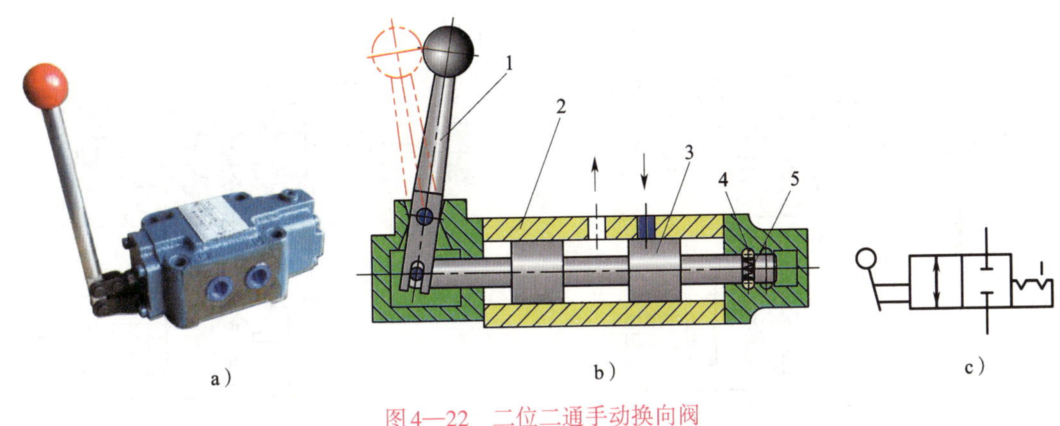

图4—22　二位二通手动换向阀

a）实物图　b）结构原理图　c）图形符号

1—手柄　2—阀体　3—阀芯　4—钢珠　5—弹簧

2）二位四通电磁换向阀。图4—23a所示为二位四通电磁换向阀的实物，图4—23b、c所示为其工作原理。二位四通电磁换向阀由阀体1、复位弹簧2、阀芯3、电磁铁4和衔铁5组成。阀芯能在阀体孔内滑动，阀芯和阀体孔都开有若干段环形槽，阀体孔内的每段环形槽都有孔道与外部的相应阀口相通。

图4—23b所示为电磁铁断电状态，换向阀的阀芯在复位弹簧作用下处于左位，通口P与B接通，通口A与T接通。液压泵输出的压力油经通口P、B进入液压缸左腔，推动活塞向右移动。液压缸右腔内的油液经通口A、T流回油箱。

图4—23c所示为电磁铁通电状态，衔铁被吸合，并将阀芯推至右端。液压泵输出的压力油经换向阀通口P、A进入液压缸右腔，推动活塞向左移动；液压缸左腔内的油液经通口B、T流回油箱。

（2）换向阀的分类

通常将阀芯工作位置的数目称为“位”，将阀体与油（气）路连接的油（气）口数目称为“通”。如图4—22所示的换向阀为二位二通换向阀，图4—23所示为二位四通换向阀。

按阀芯在阀体上的工作位置数和换向阀所控制的油口通路数分，换向阀有二位二通、二位三通、二位四通、二位五通、三位四通等类型。不同的位数和通数，是由阀体上不同的环形槽和阀芯上的台肩组合形成的。

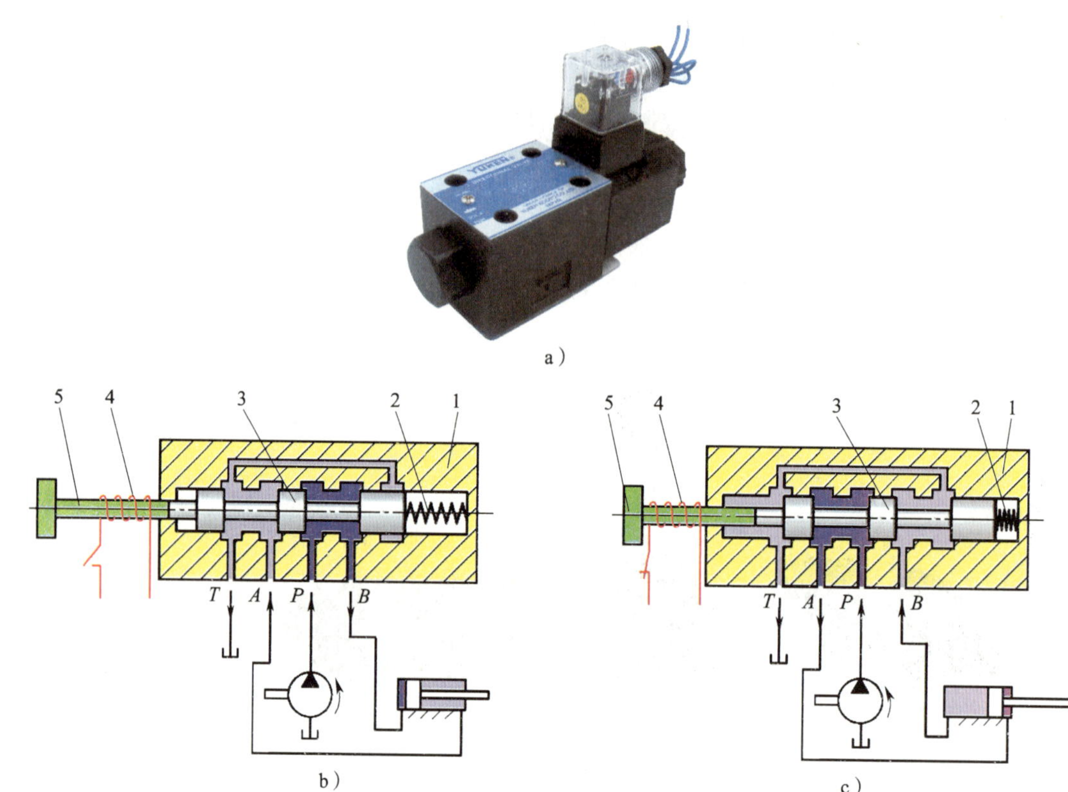

图 4—23　二位四通电磁换向阀

a）实物图　b）电磁铁断电状态　c）电磁铁通电状态

1—阀体　2—复位弹簧　3—阀芯　4—电磁铁　5—衔铁

（3）换向阀图形符号的绘制规则

如图 4—24 所示，换向阀的图形符号由主体符号和控制符号组成。

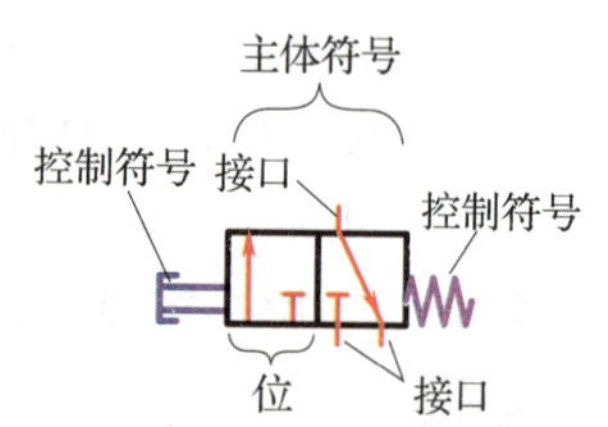

图 4—24　换向阀的图形符号

1）换向阀的主体符号用来表达换向阀的“位”和“通”。

2）方框中的“↑”表示管口连通，箭头表示阀体液（气）口处于连通状态。方框中的“T”表示阀体液（气）口被封闭。

注意：箭头的指向不表示液（气）体的实际流向。

3）换向阀的控制符号表示阀芯移动的控制方式，绘制在主体符号的两端。图 4—24 表示的是按钮控制、弹簧复位二位三通换向阀。

4）当换向阀没有操纵力的作用处于静止状态时称为常态。对于弹簧复位的二位换向阀靠近弹簧的那一位为常态；对于三位的换向阀，其常态为中间位置。

在液压系统图中，换向阀的图形符号与油路的连接一般应画在常态位上。

（4）常用换向阀的图形符号

常用换向阀主体部分的图形符号见表 4—4。换向阀的控制方式有人力控制、机械控制、电气控制、液压控制、液压先导控制和电液控制等，控制符号见表 4—5。

表4—4　　常用换向阀主体部分的图形符号

二位二通	二位三通	二位四通	三位四通	二位五通

表4—5　　常用换向阀控制方式的图形符号

操纵方式		图形符号	说　明
人力控制	手柄式		拉动手柄改变阀芯工作位置
	踏板式		通过踏动脚踏板改变阀芯工作位置
	带定位装置		具有定位装置的推或拉控制机构
机械控制	滚轮式		用机械控制方法改变阀芯工作位置
	滚轮杠杆式		用作单向行程操纵的滚轮杠杆
	弹簧控制式		用弹簧的作用力改变阀芯工作位置
电气控制	单作用电磁铁		通过电磁铁通、断电改变阀芯工作位置，间断控制，动作指向阀芯
液压控制			用直接液压力控制方法改变阀芯工作位置
液压先导控制	内部压力控制		用液压先导控制方法改变阀芯工作位置，内部压力控制
	外部压力控制		用液压先导控制方法改变阀芯工作位置，外部压力控制
电液控制			电气操纵的带有外部供油的液压先导控制机构

（5）三位换向阀中位机能的图形符号

三位换向阀的阀芯处于中间位置时，各油口的连通方式称为阀的中位机能，通常用一个字母表示。三位换向阀的中位机能可满足不同的功能要求。三位四通换向阀常见中位机能的图形符号见表4—6。

表 4—6　三位四通换向阀常见中位机能的图形符号

中位机能	图形符号	说明
O 型	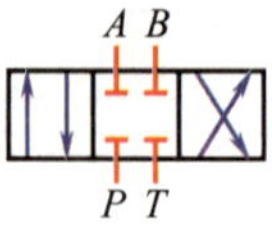 A B / P T	各油口全部封闭，液压缸被锁紧，液压泵不卸荷
H 型	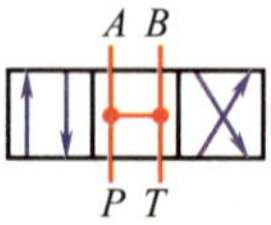 A B / P T	各油口全部相通，液压缸活塞呈浮动状态，液压泵卸荷
Y 型	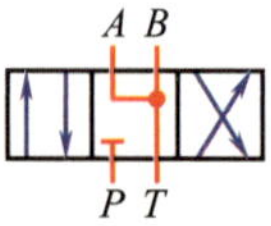 A B / P T	通口 P 封闭，A、B、T 三个通口相通，液压缸活塞呈浮动状态，液压泵不卸荷
P 型	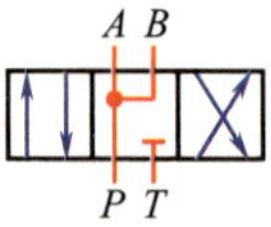 A B / P T	P、A、B 三个通口相通，通口 T 封闭，液压泵与液压缸两腔相通，可组成差动回路
M 型	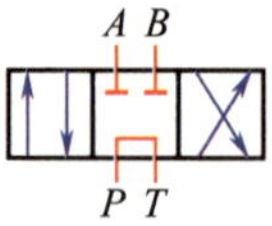 A B / P T	通口 P、T 相通，通口 A、B 封闭，液压缸被锁紧，液压泵卸荷

3. 压力控制阀

压力控制阀的作用是控制液压传动系统中的压力，或利用系统中压力的变化来控制其他液压元件的动作，简称压力阀。压力阀是利用作用于阀芯上的液压力与弹簧力相平衡的原理来工作的。

按照用途不同，压力阀可分为溢流阀、减压阀和顺序阀等。

（1）溢流阀

溢流阀在液压传动系统中主要有两方面的作用：一是起溢流调压及稳压作用，可保持液压传动系统的压力恒定；二是起限压保护作用，防止液压传动系统过载（故溢流阀又称安全阀）。溢流阀通常接在液压泵出口处的油路上。

根据结构和工作原理的不同，溢流阀可分为直动式溢流阀和先导式溢流阀两种。

1）直动式溢流阀。图 4—25 所示为直动式溢流阀，它由阀体 3、阀芯 5（阀芯可以是锥形、球形或圆柱形）、调压弹簧 4 和调压螺杆 1 等组成。压力油进口 P 与系统相连，油液溢出口 T 通油箱。图 4—25c 所示为直动式溢流阀的图形符号。

当进油口压力 p 小于溢流阀的调定压力 p_k 时，由于阀芯受调压弹簧力作用而使阀口关闭，油液不能溢出。

当进油口压力 p 等于溢流阀的调定压力 p_k 时，阀芯所受的液压力与弹簧力相平衡，此时阀口即将打开。

当进油口压力 p 超过溢流阀的调定压力 p_k 时，液压力将阀芯向上推起，压力油进入阀口后经通口 T 流回油箱，使进口处的压力不再升高。

a）

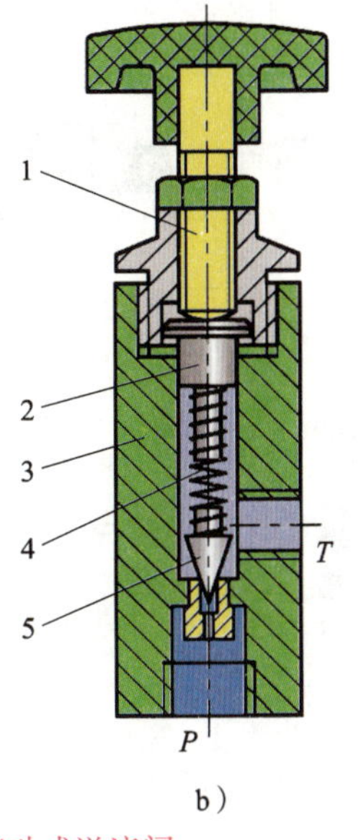

b）

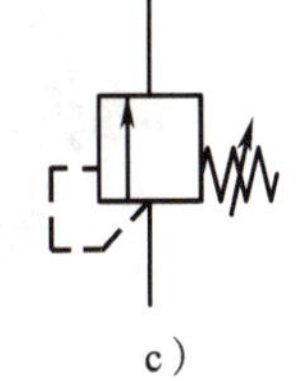

c）

图4—25　直动式溢流阀

a）实物图　b）结构原理图　c）图形符号

1—调压螺杆　2—滑柱　3—阀体　4—调压弹簧　5—阀芯

溢流阀工作时，阀芯随着系统压力的变化而上下移动，以此维持系统压力基本稳定，并对系统起安全保护作用。

旋动调压螺杆可调节调压弹簧的预紧力，进而改变溢流阀的调定压力。

直动式溢流阀的进口压力油直接作用于阀芯，故称直动式溢流阀。直动式溢流阀的特点是结构简单、制造容易，一般只适用于低压、流量不大的系统。若液压传动系统压力较高和流量较大时，则需采用先导式溢流阀。

2）先导式溢流阀。图4—26所示为先导式溢流阀，它由主阀和先导阀两部分（图4—26b）组成。先导阀阀芯是锥阀，用于控制压力；主阀阀芯是滑阀，用于控制流量。结构中通口P为压力油进口，通口T为油液溢出口，通口K为远程控制口。图4—26c所示为先导式溢流阀的图形符号。

如图4—26b所示，压力油从P口进入，通过阻尼孔a后作用在主阀芯7上，并通过小孔b和阻尼孔c作用在先导阀芯4上（此时远程控制口K关闭）。当进油口压力较低，先导阀芯4上的液压作用力小于先导阀芯左边调压弹簧3的作用力时，先导阀关闭。因为没有油液流过阻尼孔a，主阀芯7上、下两腔压力相等，所以主阀芯7在主阀弹簧力的作用下处于最下端位置，主阀处于关闭状态，溢流阀没有溢流。

当进油口压力升高，使作用在先导阀芯4上的液压力大于先导阀芯4所受的弹簧力时，先导阀被打开，压力油通过孔a、b、c，经先导阀流入孔d，最后流到出口T。由于油液流过阻尼孔a时有压力降，使主阀芯7上腔的油液压力小于下腔的油液压力。此时有两种情况：一种情况是当主阀芯7上、下两腔的压力差不足以使主阀芯上移时，主阀关闭；另一种情况是当这个压力差足以使主阀芯7上移时，主阀阀口开启，油液从P口流入，经阀口T流入油箱，实现溢流，使系统压力不超过设定压力并维持压力基本稳定。

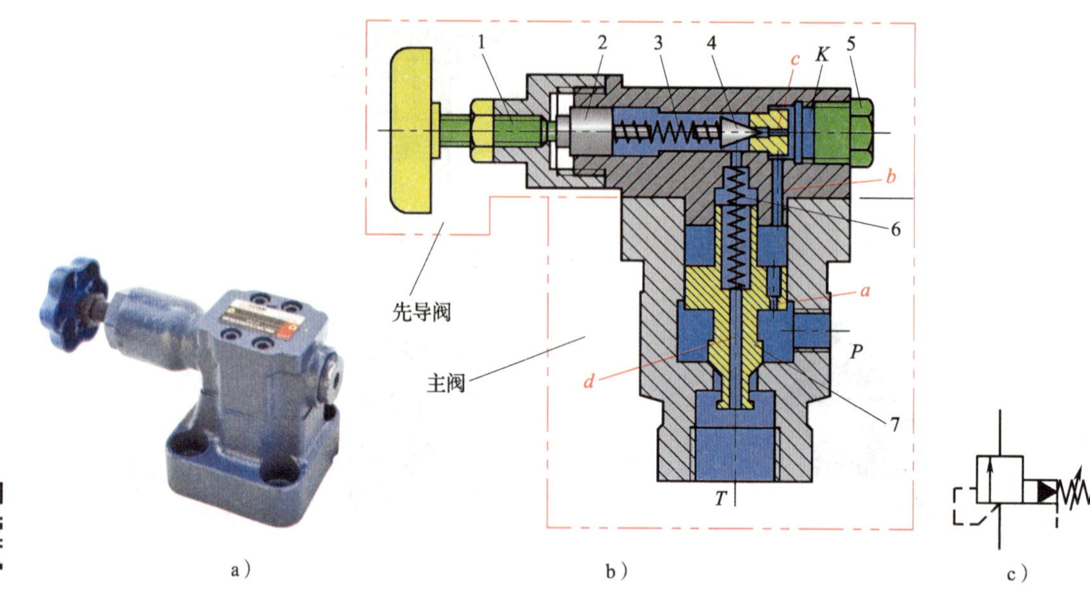

图4—26　先导式溢流阀

a）实物图　b）结构原理图　c）图形符号

1—调压螺杆　2—滑柱　3—调压弹簧　4—先导阀芯　5—螺塞　6—主阀弹簧　7—主阀芯

旋动调压螺杆，调节调压弹簧的预紧力，可改变溢流阀的调定压力。在先导式溢流阀中，先导阀的作用是控制和调节溢流压力，主阀的功能则在于溢流。先导阀因为只通过泄油，其阀口直径较小，即使在较高压力的情况下，作用在阀芯上的液压推力也不是很大，因此调压弹簧的刚度不必很大，压力调整也比较轻便。主阀芯因两端均受油压作用，主阀弹簧只需很小的刚度，故先导式溢流阀的稳压性能优于直动式溢流阀。

先导式溢流阀有一个远程控制口*K*，可实现远程调压或卸荷，不用时关闭。

（2）减压阀

减压阀在液压传动系统中的主要作用是降低系统某一支路的油液压力，使同一系统有两个或多个不同压力。

减压原理：利用压力油通过缝隙（液阻）降压，使出口压力低于进口压力，并保持出口压力为一定值。缝隙越小，压力损失越大，减压作用就越强。

根据结构和工作原理的不同，减压阀可分为直动式减压阀和先导式减压阀两种，下面分析直动式减压阀的结构和工作原理。

如图4—27所示，直动式减压阀由调压螺杆1、调压弹簧3和阀芯4等组成。结构中*h*为减压缝隙，*P*为高压进油口，*A*为低压出油口，*L*为泄油口。图4—27c所示为直动式减压阀的图形符号。

阀体内部通道将高压进油口*P*与低压出油口*A*连通，阀芯4的底部与出油口*A*相通，阀芯4的底部受到向上的液压力，该液压力与阀芯上腔的调压弹簧力相平衡。

减压阀在常态时是开启的，其进油口*P*和出油口*A*是连通的。油液经*P*口进入，从*A*口流出，并作用在负载上。为此，减压阀出油口压力p_2的大小取决于出口所接负载的大小。负载增大，p_2增大。但是，最大值不超过减压阀的调定值。

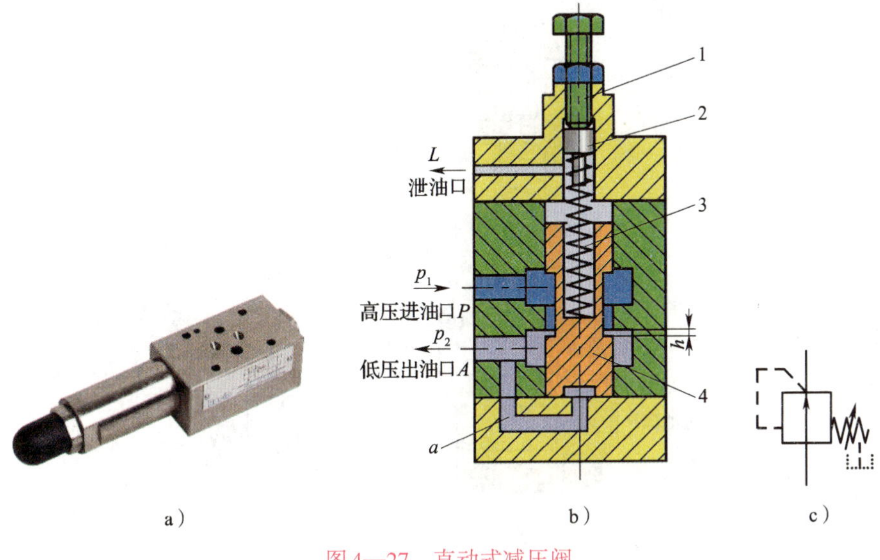

图4—27　直动式减压阀

a）实物图　b）结构原理图　c）图形符号

1—调压螺杆　2—滑柱　3—调压弹簧　4—阀芯

当作用在阀芯上的液压力小于弹簧力时，阀芯不动，减压阀进油口压力$p_1=p_2$，其压力值由出口负载决定。

当作用在阀芯上的液压力大于弹簧力时，阀芯上移，使缝隙h减小，直至作用在阀芯上的液压力等于弹簧力，达到新的平衡。因缝隙h减小，产生的压力降增加，使p_2不再升高并稳定在调定值上，从而起到减压和稳压的作用。

旋动调压螺杆1，加大或减小调压弹簧压缩量，可增大或减小p_2的值。

因直动式减压阀出油口接负载，所以泄油口L必须单独接油箱。

（3）顺序阀

顺序阀在液压传动系统中的主要作用是利用液压传动系统中的压力变化来控制油路的通断，从而使某些液压元件按一定的顺序动作。

根据结构和工作原理的不同，顺序阀可分为直动式顺序阀和先导式顺序阀两种。根据所用控制油路连接方式的不同，先导式顺序阀又可分为内控式和外控式两种。下面重点分析直动式顺序阀。

图4—28a所示为直动式顺序阀的结构原理。压力油自进油口P经阀芯内部小孔作用于阀芯底部，对阀芯产生一个向上的作用力。当油液压力较低时，阀芯在弹簧力的作用下处于下端位置，此时进油口P与出油口A不相通。

在进油口油压增大到预调的数值后，阀芯4底部受到的向上推力大于调压弹簧3的弹力，阀芯上移，此时进油口P与出油口A相通，压力油就从顺序阀流过（阀芯上腔的泄油可通过泄油口L流回油箱）。顺序阀的调定压力可以用调压螺母来调节。图4—28b所示为直动式顺序阀的图形符号。

4. 流量控制阀

流量控制阀在液压传动系统中的作用是控制液压传动系统中液体的流量。流量控制阀简称流量阀。

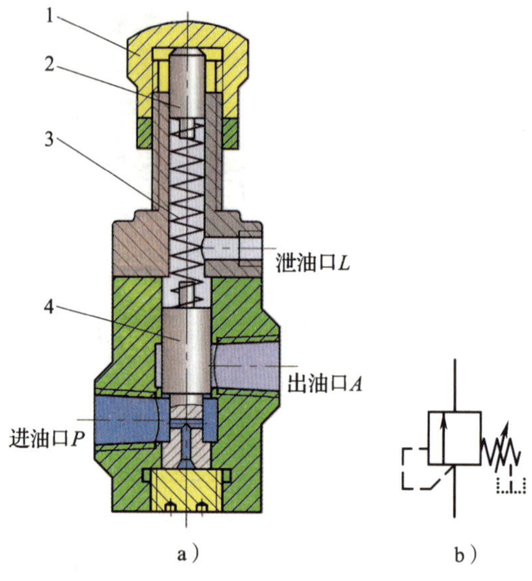

图4—28 直动式顺序阀

a）结构原理图 b）图形符号

1—调压螺母 2—滑柱 3—调压弹簧 4—阀芯

流量阀是通过改变节流口的通流截面积来调节通过阀口的流量，从而控制执行元件运动速度的控制阀。常用的流量阀有节流阀和调速阀等。

（1）节流阀

节流阀是结构最简单、应用最普遍的一种流量控制阀。如图4—29所示，它是借助控制机构使阀芯相对于阀体孔移动，以改变阀口的通流面积，从而调节输出流量。

油液在经过节流口时会产生较大的液阻，而且通流截面积越小，油液受到的液阻就越大，通过阀口的流量就越小。所以，改变节流口的通流截面积，使液阻发生变化，就可以调节流量的大小，这就是节流阀的工作原理。拧动节流阀上方的调压手柄，可以使阀芯做轴向移动，从而改变阀口的通流截面积，使通过节流口的流量得到调节。图4—29c所示为节流阀的图形符号。

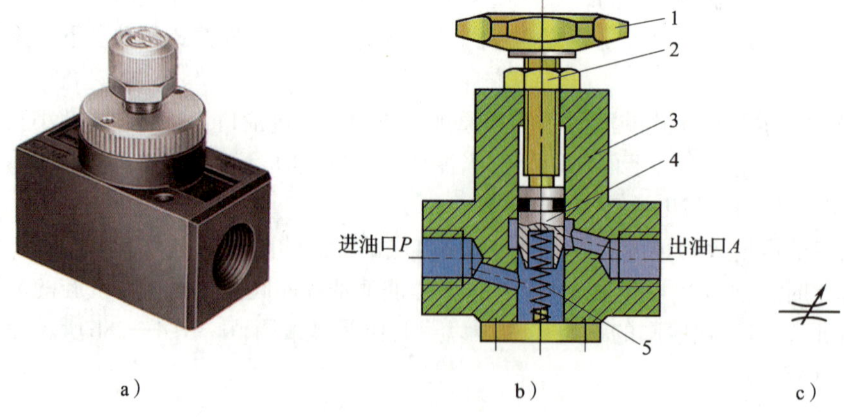

图4—29 节流阀

a）实物图 b）结构原理图 c）图形符号

1—调压手柄 2—锁紧螺母 3—阀体 4—阀芯 5—弹簧

（2）调速阀

调速阀是由减压阀和节流阀串联而成的组合阀，如图4—30所示。在调速阀中，所用的减压阀是一种直动式减压阀，因为它可以保证进、出口压力差为定值，所以称为定差减压阀。节流阀用来调节通过的流量，定差减压阀则自动补偿负载变化的影响，使节流阀前后的压差为定值，消除了负载变化对流量的影响。

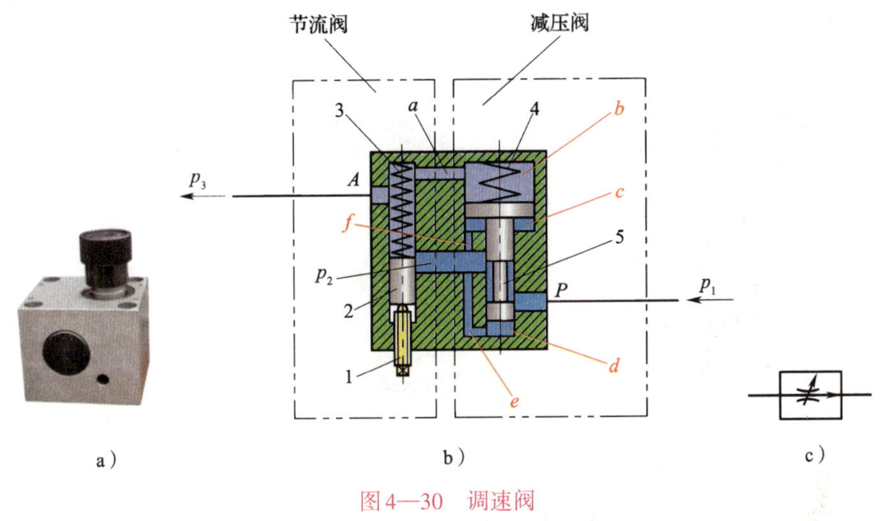

图4—30　调速阀

a）实物图　b）工作原理　c）图形符号

1—调节螺杆　2—节流阀阀芯　3—节流阀调压弹簧　4—减压阀调压弹簧　5—减压阀阀芯

调速阀的工作原理如图4—30b所示。油液压力p_1经减压阀减压后以压力p_2进入节流阀，然后以压力p_3输出。节流阀两端的压力差$\Delta p=p_2-p_3$。减压阀阀芯5上端的油腔b经通道a与节流阀出油口相通，其油液压力为p_3；其下部油腔c和下端油腔d经通道f和e与节流阀进油口（即减压阀出油口）相通，其油液压力为p_2。

当负载压力增大时，压力p_3也增大，作用于减压阀阀芯5上端的液压力也随之增大，使阀芯下移。减压阀进油口处的开口加大，压力降减小，因而使减压阀出油口（节流阀进油口）处的压力p_2增大，从而保持了节流阀两端的压力差$\Delta p=p_2-p_3$基本不变。这样就使调速阀的流量恒定不变（不受外负载影响），从而达到了稳定速度的目的。

当负载压力减小时，压力p_3减小，减压阀阀芯上端的油腔压力减小，阀芯在油腔c和d中压力油（压力为p_2）的作用下上移，使减压阀进油口处的开口减小，压力降增大，因而使p_2随之减小，结果仍保持节流阀两端的压力差$\Delta p=p_2-p_3$基本不变。

旋转节流阀的调节螺杆，可改变节流阀的开口大小，从而调整调速阀的输出流量，达到调整液压缸速度的目的。

五、液压辅助元件

液压辅助元件也是液压传动系统的基本组成之一，主要包括过滤器、蓄能器、油管、管接头和油箱等。

1. 过滤器

在液压传动系统中，保持油的清洁是十分重要的，油中的杂质会造成运动零件划伤、磨损，甚至卡死，还会堵塞阀和管道小孔，影响系统的工作性能并产生故障，因此需用过滤器对油液进行过滤。常用的过滤器有网式过滤器、线隙式过滤器、烧结式过滤器和纸芯式过滤器等。

图4—31所示为网式过滤器，它由金属或塑料圆筒制成，外包一层或两层铜丝网。其特点是结构简单，通油能力大，但过滤精度低，一般作粗过滤器用。它通常安装在液压泵的吸油口处，过滤进入液压泵油液中的杂质。

图4—31　网式过滤器

a）结构图　b）滤芯　c）图形符号

2. 蓄能器

蓄能器是储存压力油的一种容器。它在系统中的主要作用是：可以在短时间内供应大量压力油，补偿泄漏以保持系统压力，消除压力脉冲与缓和液压冲击等。

气囊式蓄能器的结构如图4—32所示。它主要由充气阀、壳体、气囊和提升阀组成。气囊用耐油橡胶制成，并与充气阀座压制在一起，固定在壳体2的上半部。充气阀仅在蓄能器

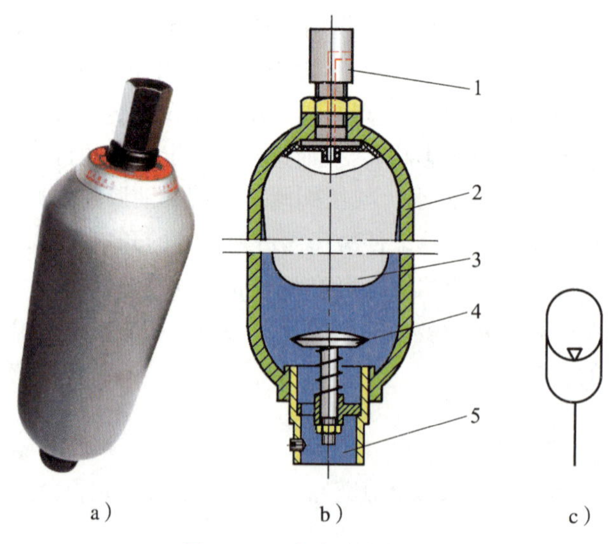

图4—32　气囊式蓄能器

a）实物图　b）结构简图　c）图形符号

1—充气阀　2—壳体　3—气囊　4—提升阀　5—油口

工作前对其充气用，蓄能器工作后始终关闭。一般气囊的充气压力可为系统油液最低工作压力的60%～70%。气囊外部为压力油，气囊内部的气体体积随蓄能器内液压油压力的降低而膨胀，并将油液排出。提升阀4的作用是防止油液全部排出时气囊膨出容器之外。

气囊式蓄能器的优点是：气囊惯性小，反应灵敏，尺寸小，容易维护，易于安装。缺点是：气囊和壳体制造困难，容量较小。

3. 油管和管接头

（1）油管

液压传动系统中常用的油管有钢管、铜管、橡胶软管、尼龙管和塑料管等。固定元件之间常用钢管和铜管连接，有相对运动的元件之间一般采用软管连接。

在液压传动（或气动）系统图中，供油（或供气）管路用实线绘制，控制管路和泄油（或放气）管路用虚线绘制。管路接点的画法如图4—33所示，连接线的连接点有“T”形连接点和“十”字形连接点。对“T”形连接点可加实心圆点（连接符号“•”），也可以不加实心圆点。对“十”字形连接点，必须加实心圆点。没有实心圆点的为不连接（跨越）。

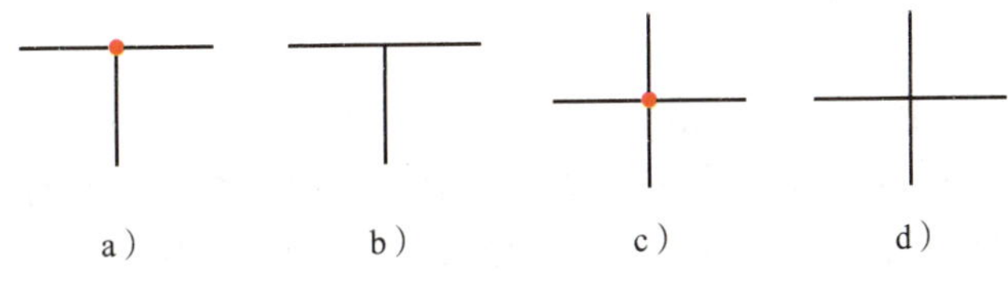

图4—33　管路接点的画法

a）、b）“T”形连接　c）“十”字形连接　d）不连接（跨越）

（2）管接头

管接头用于油管与油管、油管与液压元件间的连接。管接头的形式很多，图4—34所示为几种常用的管接头，管路的连接螺纹采用管螺纹和普通细牙螺纹。

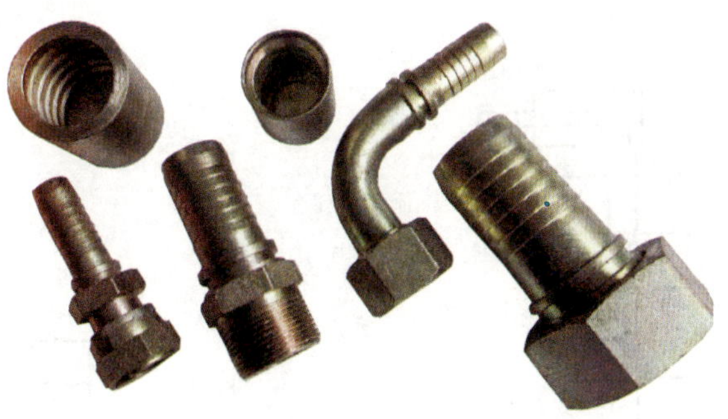

图4—34　管接头

4. 油箱

油箱除用于储油外，还起散热及分离油中杂质和空气的作用。在机床液压系统中，可以利用床身或底座内的空间作为油箱，使机床结构紧凑，并容易回收机床漏油。但油温变化时容易引起床身的热变形，液压泵装置的振动也会影响机床的工作性能，所以精密机床多采用独立油箱。油箱的图形符号为└┘。

六、液压传动系统基本回路

液压传动系统由许多液压基本回路组成。液压基本回路是指由某些液压元件和附件所构成并能完成某种特定功能的回路。液压基本回路按功能可分为方向控制回路、压力控制回路、速度控制回路和顺序动作控制回路四大类。

1. 方向控制回路

在液压系统中，控制执行元件的启动、停止（包括锁紧）及换向的回路称为方向控制回路。方向控制回路主要有换向回路和锁紧回路等。

（1）换向回路

执行元件的换向，一般可采用各种换向阀来实现。采用二位四通电磁换向阀实现双作用单杆缸的换向的回路如图4—35所示。当电磁铁通电时，换向阀左位工作，压力油进入液压缸左腔，推动活塞杆向右移动；电磁铁断电时，换向阀右位工作，压力油进入液压缸右腔，推动活塞杆向左移动。

（2）锁紧回路

为了使执行元件能在任意位置停留，以及在停止工作时防止在受力的情况下发生移动，可以采用锁紧回路。

图4—36所示为采用液控单向阀的锁紧回路。在液压缸的进、回油路中分别串接液控单向阀1、2，活塞可以在行程的任何位置锁紧。当H型三位四通电磁换向阀5处于中位时，液压泵3输出油液经电磁换向阀5的中位流回油箱，因无控制油液作用，液控单向阀1、2关闭，液压缸两腔均不能进、排油，于是，活塞被双向锁紧。要使活塞向右运动，则需使电磁铁1YA通电，换向阀左位接入系统，压力油经液控单向阀1进入液压缸左腔，同时也进入液

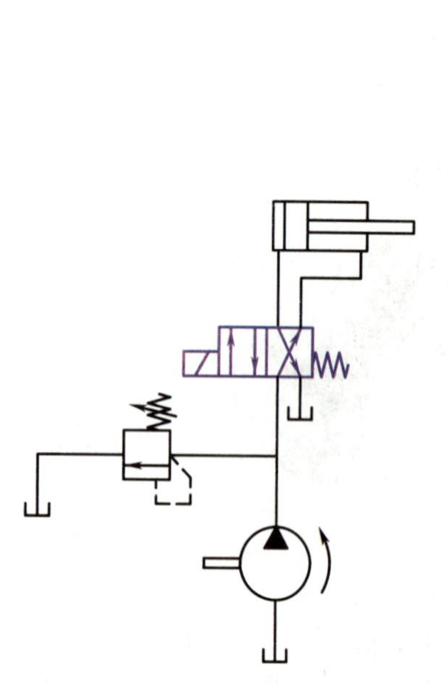

图4—35　采用二位四通电磁换向阀的换向回路

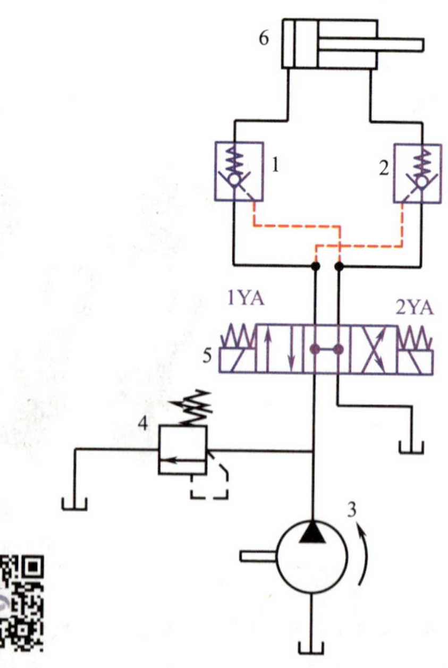

图4—36　采用液控单向阀的锁紧回路

1、2—液控单向阀　3—液压泵　4—直动式溢流阀
5—换向阀　6—液压缸

控单向阀2的控制油口，打开液控单向阀2，使液压缸右腔回油经液控单向阀2及换向阀5流回油箱，活塞向右运动。当换向阀5右位接通，液控单向阀2开启，压力油进入液压缸右腔，并同时进入液控单向阀1的控制油口，打开液控单向阀1。活塞向左运动，回油经液控单向阀1和换向阀5流回油箱。

2. 压力控制回路

利用压力控制阀来调节系统或其中某一部分压力的回路，称为压力控制回路。压力控制回路可以实现调压、减压、增压及卸荷等功能。下面主要介绍调压回路和支路减压回路。

（1）调压回路

很多液压传动机械在工作时，要求系统的压力能够调节，以便与负载相适应，同时降低动力损耗，减少系统发热。调压回路的功用是使液压系统或某一部分的压力保持恒定或不超过某个数值。调压功能主要由溢流阀完成。

图4—37所示为双级调压回路，该回路可实现两种不同的系统压力控制，即由先导式溢流阀4和直动式溢流阀2各调一级。当电磁换向阀3断电时，先导式溢流阀4工作，系统压力较高。当电磁换向阀3通电时，直动式溢流阀2工作，系统压力较低。此时，先导式溢流阀4控制油口流出的液压油从直动式溢流阀2流出，系统的溢流从先导式溢流阀4流出。

注意：先导式溢流阀4的调定压力一定要高于直动式溢流阀2的调定压力，否则不能实现双级调压。

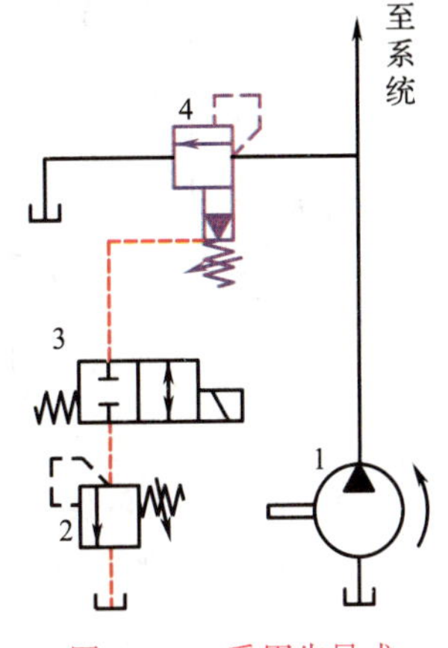

图4—37　采用先导式溢流阀的调压回路

1—液压泵　2—直动式溢流阀
3—二位二通电磁换向阀
4—先导式溢流阀

（2）支路减压回路

在定量泵供油的液压系统中，溢流阀按主系统的工作压力调定。若系统中某个执行元件或某条支路所需要的工作压力低于溢流阀所调定的主系统压力时，就要采用减压回路。

支路减压回路的功用是使系统中某一部分油路具有较低的稳定压力。减压功能主要由减压阀实现。

在图4—38所示的多执行元件减压回路中，整个系统的工作压力由溢流阀6调定，回路中有液压缸1和液压缸2两个执行元件，当液压缸1所需要的压力低于溢流阀6的调定压力时，在液压缸1的进油路上串联直动式减压阀8。单向阀7的作用是在液压缸1回油时接通油路，使回油经单向阀7流入油箱，而不必通过减压阀8。

3. 速度控制回路

控制执行元件运动速度的回路称为速度控制回路。速度控制回路一般是通过改变进入执行元件的流量来实现的。速度控制回路包括调速回路和速度换接回路两类。

（1）调速回路

调速回路就是用于调节工作行程速度的回路。常用类型有进油节流调速回路和回油节流调速回路等。

1）进油节流调速回路。图4—39所示为进油节流调速回路。二位四通电磁换向阀3用于液压缸6的换向，当电磁换向阀3通电处于左位时，压力油通过节流阀5进入液压缸6的左腔，活塞向右运动。通过调节节流阀5的通流面积，就可以调节油路中压力油的流量，从而调节液压缸6的活塞向右运动的速度。由于液压缸6的活塞向右运动时，回油腔直通油箱，所以这种进油节流调速回路不能承受超越负载。当电磁换向阀断电时，电磁换向阀3在弹簧力的作用下处于右位，压力油通过电磁换向阀3进入液压缸右腔，活塞向左运动。左腔的回油经过单向阀4以及电磁换向阀3流回油箱，此时，节流阀不起作用。溢流阀2用于调定系统压力，使系统压力基本保持恒定。

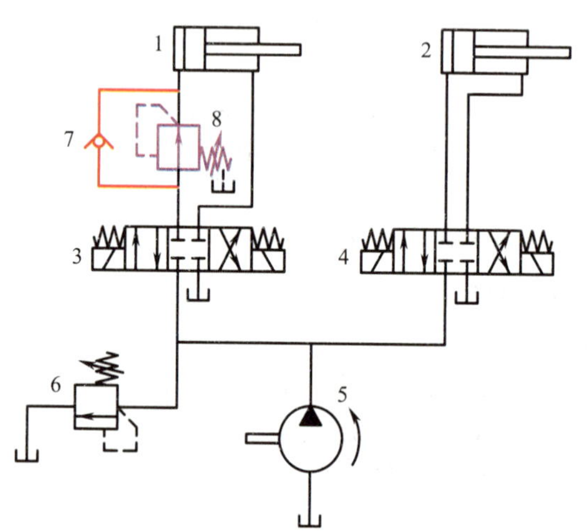

图4—38　支路减压回路

1、2—液压缸　3、4—换向阀　5—液压泵　6—溢流阀
7—单向阀　8—直动式减压阀

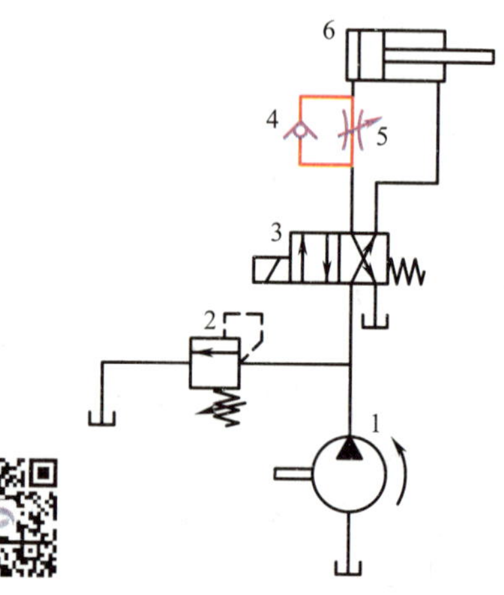

图4—39　进油节流调速回路

1—液压泵　2—溢流阀　3—电磁换向阀
4—单向阀　5—节流阀　6—液压缸

【知识链接】

负载的分类

液压缸的负载可分为阻力负载和超越负载。阻力负载是指阻止液压缸运动的负载（也叫正值负载）；超越负载是指助长液压缸运动的负载（也叫负值负载）。例如，液压缸在提升重物时，重物的重力为阻力负载；重物下降时，重物的重力为超越负载。

2）回油节流调速回路。如图4—40所示，将节流阀串联在液压缸右腔的油路中，即构成回油节流调速回路。当换向阀3处于左位时，压力油通过换向阀3进入液压缸左腔，右腔的油液通过节流阀5进入换向阀3后流入油箱。此时节流阀工作，起到节流调速的作用。与进油节流调速相比，回油节流调速能承受超越负载，且通过节流阀的热油直接排回油箱，有利于热量耗散。另外，节流阀在回油路上也能起到提供背压的作用，对液压缸运行过程中的稳定性更有利。该系统广泛用于功率不大、承受负值负载能力强和运动平稳性要求较高的液压系统中。

（2）速度换接回路

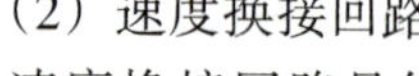

速度换接回路是使不同速度相互转换的回路，图4—41所示为利用二位三通换向阀实现液压缸差动连接获得的速度换接回路。该回路的液压缸活塞杆有快进、工进和快退三个

运动。在该回路中使用了由调速阀和单向阀组合而成的单向调速阀，以调节活塞杆工进的速度。

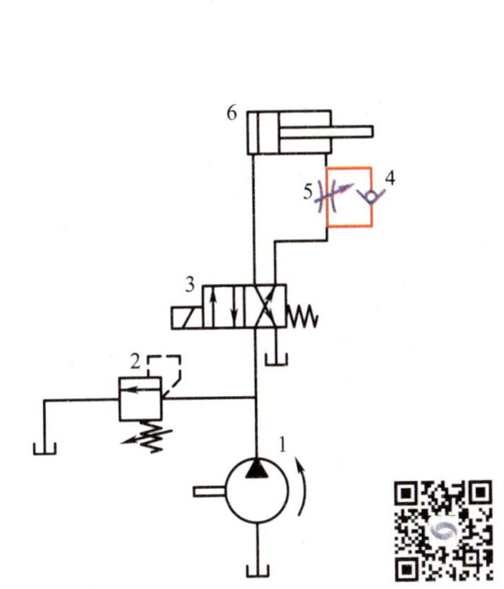

图4—40　回油节流调速回路

1—液压泵　2—溢流阀　3—二位四通电磁换向阀
4—单向阀　5—节流阀　6—液压缸

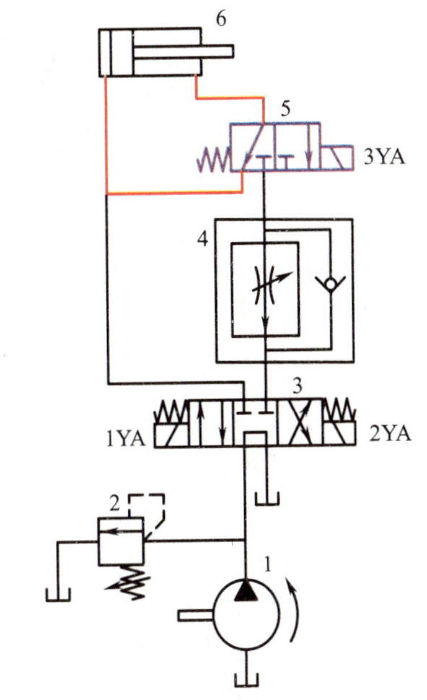

图4—41　液压缸差动连接速度换接回路

1—液压泵　2—溢流阀　3—三位四通电磁换向阀
4—单向调速阀　5—二位三通电磁换向阀　6—液压缸

1）快进。当电磁铁1YA通电，2YA、3YA断电时，二位三通电磁换向阀5连接液压缸左、右腔，并同时接通压力油，使液压缸形成差动连接而做快速运动。

2）工进。当3YA通电（1YA仍通电）时，差动连接被断开，液压缸6的回油经过二位三通电磁换向阀5、单向调速阀4的调速阀、三位四通电磁换向阀3流回油箱，从而实现工进。

3）快退。当2YA、3YA通电，1YA断电时，压力油经三位四通电磁换向阀3、单向调速阀4的单向阀、二位三通电磁换向阀5进入液压缸6的右腔。左腔的油液经过三位四通电磁换向阀3流回油箱，从而实现快退。

这种连接方式可以在不增加液压泵流量的情况下提高液压缸的运动速度。

4. 顺序动作控制回路

在利用液压传动供给动力的机械设备中，有些执行元件的运动需要按严格的顺序依次实现。例如，液压传动的机床要求先夹紧工件，然后使工作台移动进行切削加工，实现这种动作则需要采用顺序动作回路。控制系统中多个执行元件的动作有先后次序的回路称为顺序动作控制回路。

图4—42所示为采用两个单向顺序阀的压力控制顺序动作回路。在该回路中，单向顺序阀4、5为由单向阀与顺序阀通过并联构成的组合阀，该回路可以实现液压缸6和液压缸7按照“A_1—B_1—B_0—A_0”的顺序动作。

（1）液压缸7的活塞杆伸出（动作A_1）

按下二位四通手动换向阀3的手柄，使换向阀3左位工作，压力油通过二位四通手动换

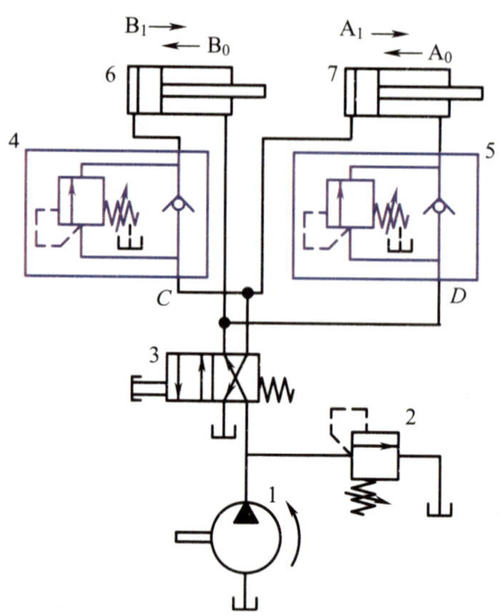

图4—42　采用两个单向顺序阀的压力控制顺序动作回路

1—液压泵　2—溢流阀　3—二位四通手动换向阀

4、5—单向顺序阀　6、7—液压缸

向阀3到达液压缸7的左腔和单向顺序阀4的*C*端。压力油推动液压缸7的活塞杆伸出，实现动作A_1。液压缸7右腔的回油经过单向顺序阀5的单向阀、二位四通手动换向阀3流回油箱。由于在液压缸7的活塞杆运动时，液压系统的压力没有达到单向顺序阀4的开启压力，压力油无法进入液压缸6的左腔。

（2）液压缸6的活塞杆伸出（动作B_1）

当液压缸7的活塞杆伸出动作完成后，系统压力升高，打开单向顺序阀4中的顺序阀，压力油进入液压缸6的左腔，推动活塞杆向右运动，实现动作B_1。液压缸6右腔的回油通过二位四通手动换向阀3流回油箱。

（3）液压缸6的活塞杆缩回（动作B_0）

松开二位四通手动换向阀3的手柄，使换向阀3右位工作，压力油进入液压缸6的右腔和单向顺序阀5的*D*端，液压缸6的活塞杆缩回，实现动作B_0。液压缸6左腔的回油经过单向顺序阀4的单向阀、二位四通手动换向阀3流回油箱。因单向顺序阀5的作用，此时的压力油无法进入液压缸7的右腔。

（4）液压缸7的活塞杆缩回（动作A_0）

液压缸6的活塞杆向左运动到达终点后，系统压力升高，打开单向顺序阀5中的顺序阀，压力油进入液压缸7的右腔，活塞杆缩回，实现动作A_0，液压缸7左腔的回油通过二位四通手动换向阀3流回油箱。至此完成一个工作循环。

§4—2　气压传动

一、气压传动概述

气压传动是以空气压缩机为动力源，以压缩空气为工作介质，利用压缩空气的压力和流动进行能量传送或信号传递的工程技术，是实现各种生产控制、自动控制的重要手段之一。

1. 气压传动的工作原理

气压传动技术在机械加工设备上应用非常广泛，气动夹具在各种切削机床上被广泛应用。图4—43所示为数控铣床上使用的气动平口钳传动系统，气动平口钳通过气缸活塞杆的

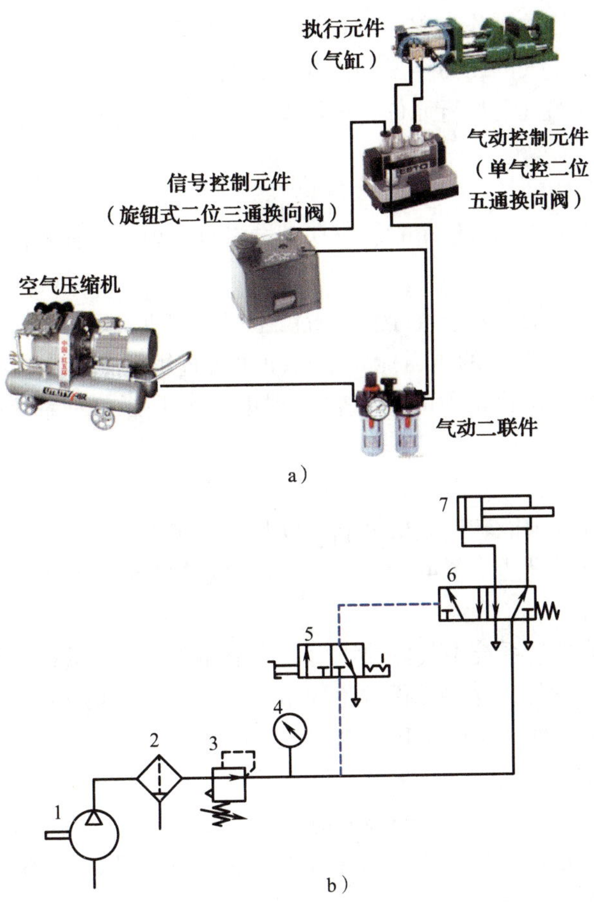

图4—43　气动平口钳传动系统

a）设备组成图　b）气动系统图

1—气源（空气压缩机）　2—排水过滤器　3—调压阀　4—压力表
5—旋钮式二位三通换向阀　6—单气控二位五通换向阀　7—气缸

伸、缩来夹紧、松开工件。该系统由空气压缩机、气动二联件（排水过滤器和调压阀）、旋钮式二位三通换向阀、单气控二位五通换向阀和气缸等组成。

分析图4—43可知，空气压缩机产生的压缩空气，经过排水过滤器和调压阀处理后，分别输送给信号控制元件（旋钮式二位三通换向阀5）和气动控制元件（单气控二位五通换向阀6）。信号控制元件通过气压控制气动控制元件动作，气动控制元件通过分别接通气缸两侧内腔实现气动平口钳活动钳口的左右运动。

（1）气动平口钳的夹紧动作

当旋转旋钮式二位三通换向阀5的旋钮时，换向阀5左位工作，压缩空气通过换向阀5使单气控二位五通换向阀6动作，阀6接通气缸左侧气路，使气缸左腔进入压缩空气，活塞向右移动，夹紧工件。

（2）气动平口钳的松开动作

当再次旋转换向阀5的旋钮时，换向阀5截断压缩空气，同时使控制管道与大气相连，排出压缩空气。此时换向阀6接通气缸右侧气路，使气缸右腔进入压缩空气，活塞向左移动，松开工件。

通过分析气动平口钳的工作过程，可总结出气压传动的工作原理：气压传动是以压缩空气为工作介质，靠压缩空气的压力传递动力或信息的流体传动。传递动力的系统将压缩空气经由管道和控制阀输送给气动执行元件，把压缩气体的压力能转换为机械能，以推动负载运动。

2. 气动系统的组成

通过分析气动平口钳气动系统可知，气压传动系统一般由下列五部分组成。

（1）气源装置

气源装置包括空气压缩机及空气净化装置。空气压缩机（简称空压机）是将原动机（如电动机）的机械能转换为空气的压力能。空气净化装置用于去除空气中的水分、油分和杂质，为各类气压传动设备提供洁净的压缩空气。图4—43所示气动系统的气源装置为空气压缩机。

（2）执行元件

执行元件是把气体压力能转换成机械能，以驱动工作机构的元件，一般指做直线运动的气缸或做旋转运动的气动马达。图4—43所示气动系统的执行元件为气缸。

（3）控制调节元件

控制调节元件是对气动系统中气体的压力、流量和流动方向进行控制和调节的元件，如调压阀、换向阀、节流阀等，这些元件的不同组合构成了不同功能的气动系统。图4—43所示气动系统的控制调节元件为调压阀和换向阀。

（4）辅助元件

辅助元件是指除以上三种元件以外的其他元件，如过滤器、油雾器、消声器等。它们对保持系统正常、可靠、稳定和持久地工作起着重要的作用。图4—43所示气动系统的辅助元件为排水过滤器。此外，连接气动系统还需要气管、管接头等。

（5）工作介质

气压传动系统中所使用的工作介质是清洁的空气。

3. 气压传动的特点

（1）气压传动的优点

1）工作介质为空气，来源经济方便，用过之后可直接排入大气，不污染环境。

2）由于空气流动损失小，压缩空气可集中供气，远距离输送，且对工作环境的适应性强，可应用于易燃、易爆场所。

3）气压传动具有动作迅速、反应快、管路不易堵塞等优点，且不存在介质变质、补充和更换等问题。

4）气压传动装置结构简单、质量轻、安装维护简单。

5）由于空气的可压缩性，气压传动系统能够实现过载自动保护。

（2）气压传动的缺点

1）由于空气具有可压缩性，所以气缸或气动马达的动作速度受载荷的影响较大。

2）气压传动系统工作压力较低（一般为0.3～1.0 MPa），因此气压传动系统输出的动力较小。

3）工作介质没有自润滑性，需要另设润滑装置。

4）噪声大。

二、气源装置、辅助元件和执行元件

1. 气源装置

（1）空气压缩机

空气压缩机是产生压缩空气的设备，它将机械能（通常由电动机产生）转换成气体压力能。在气动系统中活塞式空气压缩机最为常用，如图4—44所示，活塞式空气压缩机由电动机、空气压缩机构、储气罐、排水器、压力开关、压力表及各种阀等组成。

a）

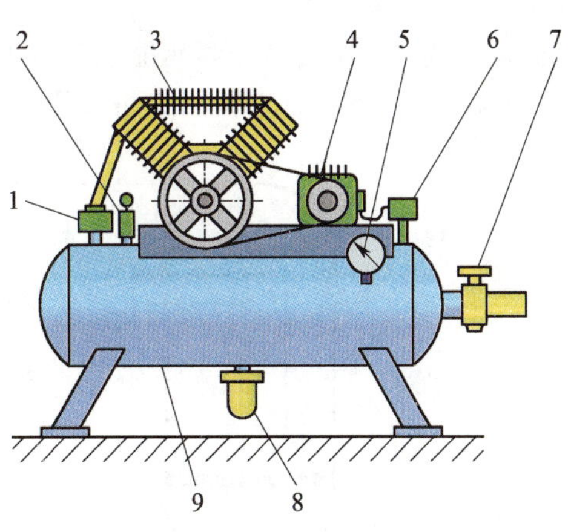

b）

图4—44 空气压缩机

a）实物图 b）外部结构图

1—单向阀 2—安全阀 3—空气压缩机构 4—电动机 5—压力表
6—压力开关 7—截止阀 8—排水器 9—储气罐

（2）空气压缩站

空气压缩站内的装置一般由空气压缩机、后冷却器、油水分离器、储气罐、干燥器和过滤器等组成，图4—45所示为某空气压缩站设备组成及布置示意图。空气净化的过程分为一次净化和二次净化。一般情况下，当空气压缩机的排气量小于6 m³/min时，将其直接安装在主机旁；当空气压缩机的排气量大于或等于6 m³/min 时，就应独立设置空气压缩站。

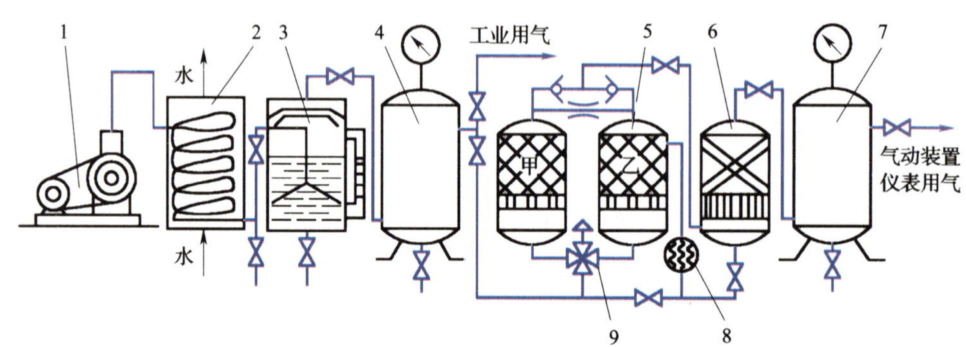

图4—45　空气压缩站设备组成及布置示意图

1—空气压缩机　2—后冷却器　3—油水分离器　4、7—储气罐
5—干燥器　6—过滤器　8—加热器　9—四通阀

2. 气动辅助元件

气动辅助元件用于对空气压缩机产生的压缩空气进行净化、减压、降温或稳压等处理，以保证气压传动系统正常工作。常用的气动辅助元件有油水分离器、储气罐、排水过滤器、油雾器、消声器、气管与气动管接头等。

（1）油水分离器

油水分离器的作用是分离压缩空气中的水分、油分及其他杂质，使压缩空气得到初步净化。图4—46所示为撞击折回式油水分离器，当压缩空气从进气口4进入分离器壳体以后，

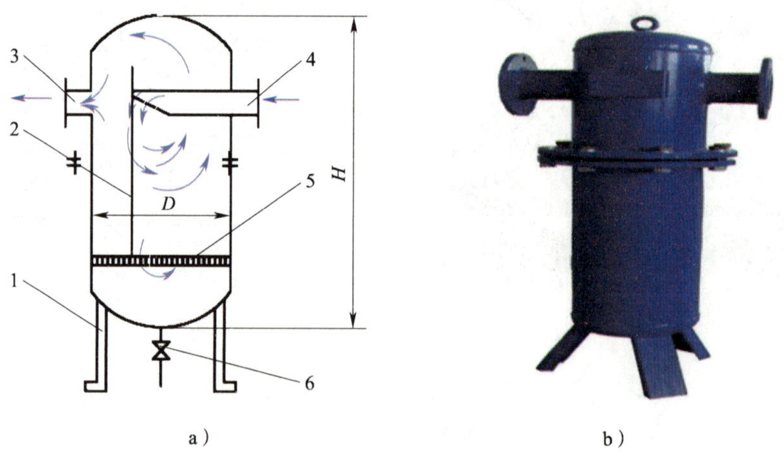

图4—46　撞击折回式油水分离器

a）结构原理图　b）实物图

1—支架　2—隔板　3—出气口　4—进气口　5—栅板　6—放油水阀

气流先受到隔板2的阻挡，被撞击而折回向下，之后又上升产生环形回转，最后从出气口3排出。与此同时，在压缩空气中凝结的水滴、油滴等杂质受惯性力的作用而分离析出，沉降在壳体底部，由放油水阀6定期排出。

（2）储气罐

在气动系统中，往往使用储气罐储存一定数量的压缩空气，以解决空气压缩机的输出气量和气动设备耗气量之间的不平衡；减小气源输出气流的波动，保证输出气流的连续性和平稳性；减弱空气压缩机排气压力脉动引起的管道振动，进一步分离压缩空气中的水分和油分等，同时储备一定的压缩空气以备空气压缩机发生故障时临时应急使用。储气罐一般采用立式焊接结构，如图4—47所示。储气罐的高度一般为其直径的2～3倍，进气口在下，出气口在上。储气罐上设有安全阀、压力表及排放油水的阀门等。

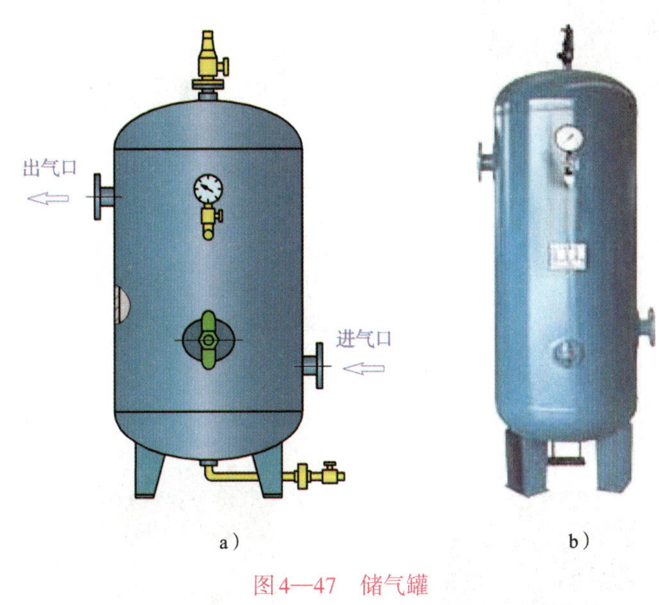

a）　　b）

图4—47　储气罐

a）结构原理图　b）实物图

（3）排水过滤器

排水过滤器用于分离夹杂在气体中的水滴、油滴等杂质，其结构如图4—48所示，其工作原理为：压缩空气从输入口进入后，被引到旋风叶子1处，旋风叶子上有很多成一定角度的缺口，迫使空气沿切线方向运动并产生强烈的旋转。夹杂在气体中较大的水滴、油滴等，在惯性力的作用下与存水杯3的内壁碰撞，并分离出来沉到杯底；而微粒灰尘和雾状水汽则在气体通过滤芯2时被拦截而滤除，清洁的空气便从输出口输出。为防止气体将存水杯中积存的污水卷起，在滤芯下方安装了挡水板4。手动排水阀5用于排出污水。

（4）油雾器

油雾器的作用是将润滑油雾化，并随压缩空气一起进入被润滑部位，其结构如图4—49所示，当压缩空气从输入口进入后，通过喷嘴5下端的小孔进入阀座7的腔室内，推动钢球6向下运动，压缩空气进入存油杯10的上腔，油面受压，压力油经吸油管9将钢球8顶起。钢球上部管道有一个方形小孔，钢球不能把上方的管道封死，压力油不断地流入视油器3内，再滴入喷嘴5中，被主管气流从喷嘴的小孔中引射出来，雾化后从输出口输出。

a）

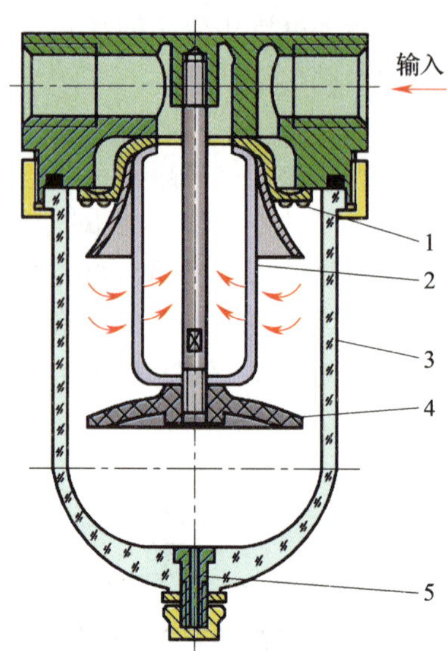

b）

图4—48　排水过滤器

a）实物图　b）结构原理图

1—旋风叶子　2—滤芯　3—存水杯

4—挡水板　5—手动排水阀

a）

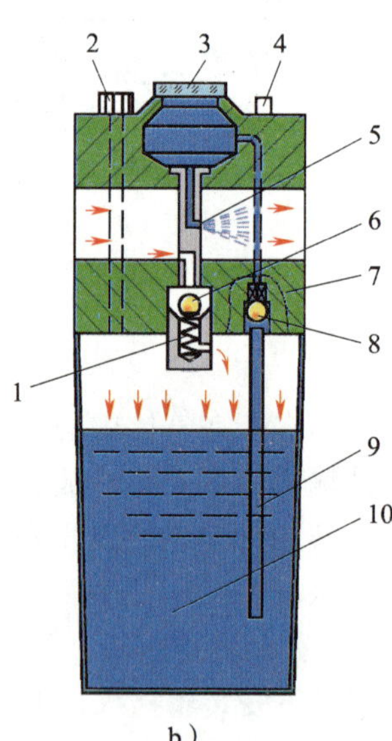

b）

图4—49　油雾器

a）实物图　b）结构原理图

1—弹簧　2—加油孔　3—视油器　4—油量调节阀　5—喷嘴

6、8—钢球　7—阀座　9—吸油管　10—存油杯

（5）气动三联件

气动三联件是指排水过滤器、调压阀和油雾器，其构成如图4—50所示。有些电磁阀和气缸采用脂润滑，便不需要使用油雾器。排水过滤器和调压阀组合在一起则称为气动二联件。其中调压阀可对气源进行稳压，使气源处于恒压状态，可减小气源气压突变对控制元件和执行元件的损伤。排水过滤器用于对气源的清洁，可过滤压缩空气中的水分，避免水分随气体进入气动系统。油雾器可对系统运动部件进行润滑，延长系统的使用寿命。

（6）消声器

噪声对人身心健康产生不利影响，在气压传动系统中，气缸、气阀等元件工作时，排气速度较快，气体体积急剧膨胀，会产生刺耳的噪声，气动系统的噪声可达100～120 dB。为了降低噪声，可以在排气口安装消声器。图4—51所示为吸收型消声器，这种消声器主要依靠吸音材料消声。消声罩为多孔的吸音材料，一般用聚苯乙烯或铜珠烧结而成。其消声原理是：当有压气体通过消声罩时，声能量被部分吸收而转化为热能，从而降低了噪声强度。

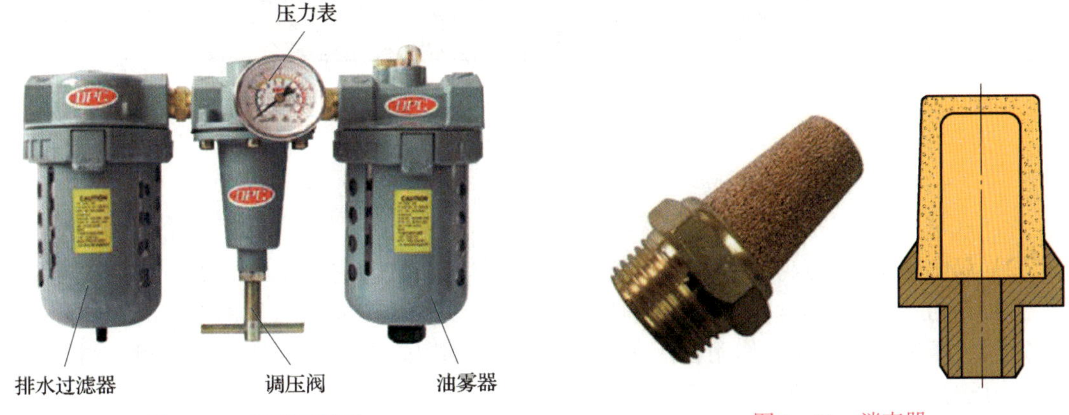

图4—50　气动三联件

图4—51　消声器

（7）气管与气动管接头

气管可分为硬管和软管两种，硬管用于固定不动的、不需要经常装拆的地方（如总气管和支气管等）；连接运动部件和临时使用、希望装拆方便的管路应使用软管。硬管有铁管、铜管和硬塑料管等；软管有塑料管、尼龙管、橡胶管、金属编织塑料管以及挠性金属导管等。

气动系统中使用的管接头的种类很多，按其结构及工作原理可分为插入式、卡套式、锁母式、卡箍式、快换式等类型。图4—52所示为插入式气动管接头，主要由接头1、密封圈2、弹性片3、固定套4和按钮5组成。使用时，插入接管6，靠弹性片3卡住接管的外表面，使接管在受到向外的拉力时不会被拉出来。拆卸时，向内按压按钮5，使弹性片和接管外表面分离，可将接管从接头中抽出。

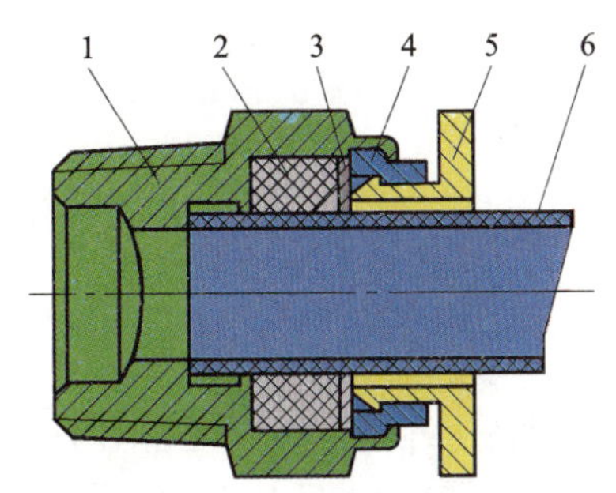

图4—52　插入式气动管接头

1—接头　2—密封圈　3—弹性片　4—固定套　5—按钮　6—接管

3. 气动执行元件

（1）气缸

气缸的种类很多，常用的有单作用气缸和双作用气缸。单作用气缸只有一个方向的运动依靠压缩空气，活塞的复位靠弹簧力或重力；双作用气缸的活塞往返全都依靠压缩空气来完成。

1）单作用单杆气缸。靠弹簧复位的单作用单杆气缸的结构如图4—53所示，它主要由活塞杆5、活塞9、导向环10、前缸盖4、后缸盖13、缓冲垫圈6和12等组成，在前缸盖上有一个呼吸口，在后缸盖上有一个进气口。单作用气缸只有在活塞的一侧可以通入压缩空气，在活塞的另一侧呼吸口与大气接通。这种气缸的压缩空气只能在一个方向上做功，活塞的反方向动作则依靠复位弹簧实现。由于压缩空气只能在一个方向上控制气缸活塞的运动，所以称为单作用气缸。

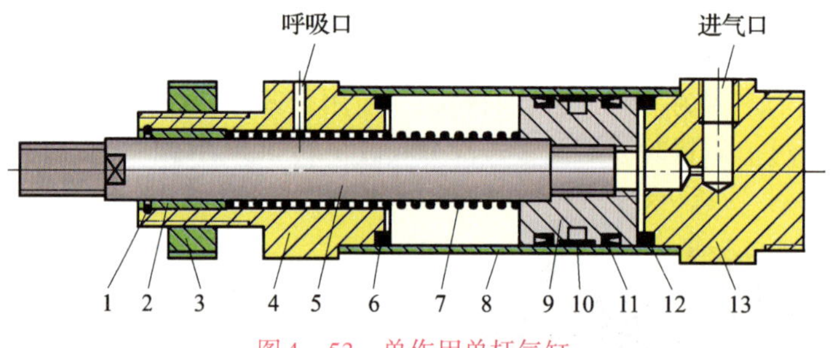

图4—53　单作用单杆气缸

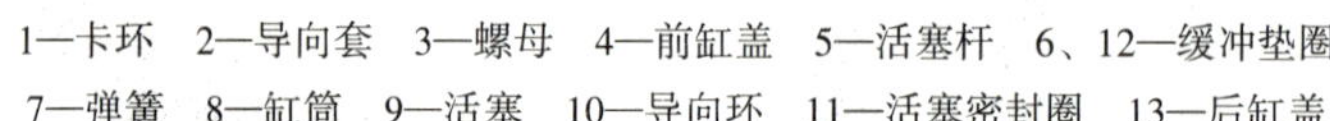

1—卡环　2—导向套　3—螺母　4—前缸盖　5—活塞杆　6、12—缓冲垫圈
7—弹簧　8—缸筒　9—活塞　10—导向环　11—活塞密封圈　13—后缸盖

2）双作用单杆气缸。图4—54所示为双作用单杆气缸，它主要由活塞杆5、活塞6、前缸盖3、后缸盖9、缸筒4、密封圈2和7等组成。当压缩空气进入气缸的右腔时（左腔与大气相连），压缩空气的压力作用在活塞的右侧，当作用力克服活塞杆上的负载时，活塞杆伸出；当压缩空气进入左腔时（右腔与大气相连），推动活塞右移，活塞杆收回。

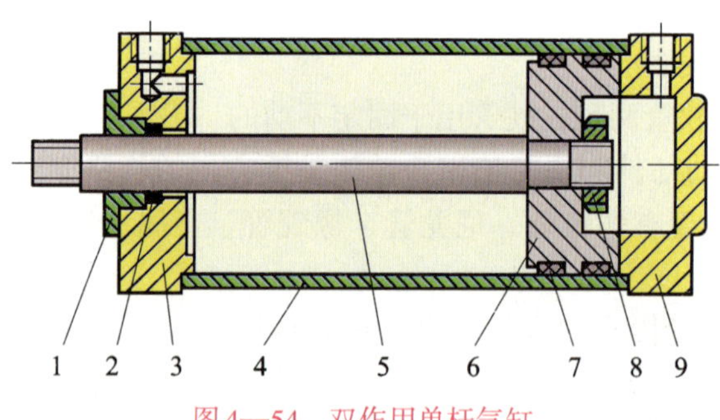

图4—54　双作用单杆气缸

1—压盖　2—防尘密封圈　3—前缸盖　4—缸筒　5—活塞杆
6—活塞　7—活塞密封圈　8—螺母　9—后缸盖

（2）气动马达

气动马达是将压缩空气的压力能转换成旋转的机械能的装置。图4—55a所示为叶片式气动马达，其工作原理如图4—55b所示，转子3上径向安装了3～10个叶片，转子3偏心安装在定子1内，叶片2在转子3的槽内可以径向滑动。压缩空气由A孔输入后，分为两路：一路经定子1两端密封盖的槽进入叶片底部（图中未画出）将叶片推出，叶片靠气体推力和转子转动时产生的离心力紧密地贴紧在定子的内壁上；另一路进入定子内腔，使叶片带动转子

逆时针旋转，做功后的废气由C口排出，剩余气体从B口排出。若从B口输入压缩空气，则改变气动马达的旋转方向。

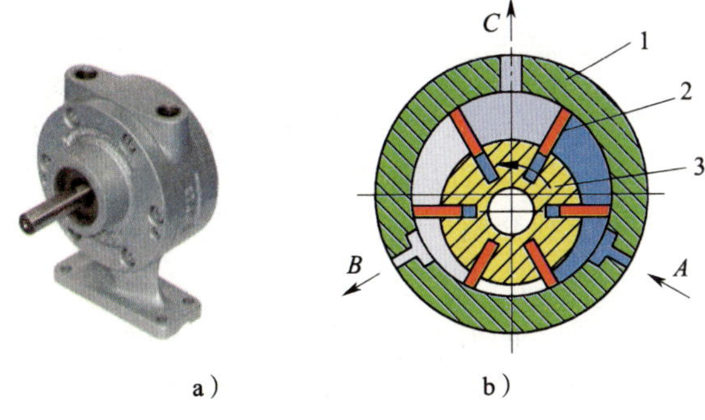

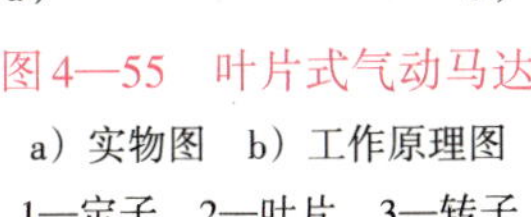

图4—55　叶片式气动马达

a）实物图　b）工作原理图

1—定子　2—叶片　3—转子

4. 常用气源、气动执行元件及辅助元件的图形符号

气源、气动执行元件及辅助元件的图形符号见表4—7。

表4—7　气源、气动执行元件及辅助元件的图形符号

元件名称	空气压缩机	气源（无特殊要求的压缩空气）	单作用单杆缸（靠弹簧力复位，弹簧腔有呼吸口）	双作用单杆缸
图形符号				
元件名称	气动马达	过滤器	压力表	过滤器（带手动排水分离器）
图形符号				
元件名称	油雾器	消声器	气动三联件（包括手动排水过滤器、手动调节式调压阀、压力表和油雾器）	
图形符号			详细示意图	简化图

三、气动控制元件

气动控制元件用来控制和调节压缩空气的压力、流量和流向，可分为方向控制阀、压力控制阀和流量控制阀。

1. 方向控制阀

气压传动系统中的方向控制阀是气压传动中通过改变压缩空气的流动方向和气流的通断，来控制执行元件启动、停止及运动方向的气动元件，常见的有单向阀、换向阀、梭阀、双压阀和快速排气阀等，下面主要介绍单向阀和换向阀。

（1）单向阀

单向阀是指气流只能向一个方向流动而不能反向流动的阀。单向阀如图4—56所示，其工作原理为：压缩空气从*P*口进入，克服弹簧力和摩擦力使单向阀阀口开启，压缩空气从*P*口流至*A*口；当*P*口无压缩空气时，在弹簧力和*A*口余气压力作用下，阀口处于关闭状态，使从*A*口至*P*口的气不能流通。单向阀应用于不允许气流反向流动的场合，如空压机向气罐充气时，在空压机与气罐之间设置一个单向阀，当空压机停止工作时，可防止气罐中的压缩空气回流到空压机。单向阀还常与节流阀、顺序阀等组合成单向节流阀、单向顺序阀使用。

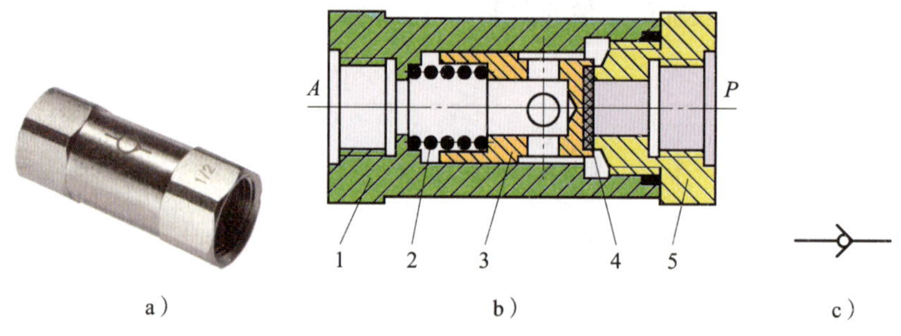

图4—56　单向阀

a）实物图　b）结构原理图　c）图形符号

1—阀体　2—弹簧　3—阀芯　4—密封垫　5—阀盖

（2）换向阀

利用换向阀阀芯相对于阀体的运动，可使气路接通或断开，从而使气动执行元件实现启动、停止或变换运动方向。

按钮式二位三通换向阀是一种最常见的方向控制阀，其产品外形及工作原理如图4—57所示。它是一种常闭式控制阀，当按下按钮时接通气路，当松开按钮时断开气路，同时工作回路与大气接通，排出压缩空气。在初始状态（图4—57b），阀芯把进气口与工作口之间的通道关闭，两口不相通，而工作口与排气口相通，压缩空气可以通过排气口排入大气中。当按下阀芯（图4—57c），方向控制阀进入工作状态，这时进气口与工作口相通，同时排气口被阀芯封闭，压缩空气通过进气口进入，从工作口输出。

气动换向阀的图形符号与液压换向阀基本相同，常用气动换向阀的图形符号见表4—8。

2. 压力控制阀

（1）溢流阀

当储气罐或回路中气压上升到调定压力后，系统需要减压，溢流阀可通过排出气体的方法降低系统压力，起到保护系统的作用。气动溢流阀分为直动式和先导式两种。

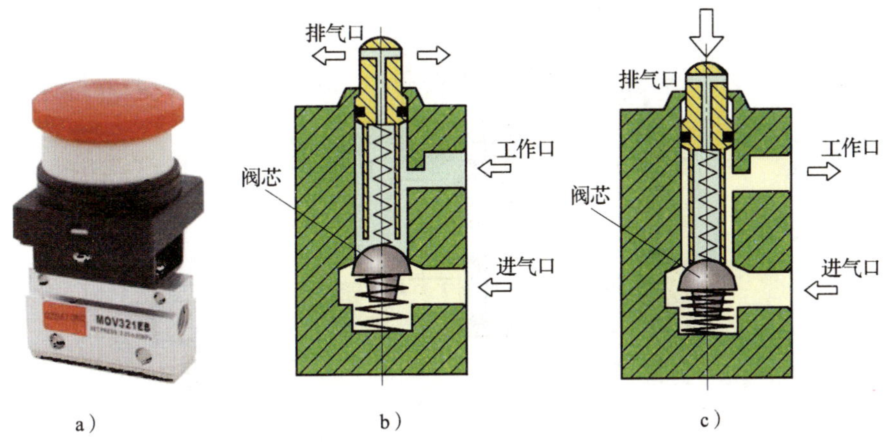

图4—57　按钮式二位三通换向阀

a）产品外形　b）初始状态　c）工作状态

表4—8　　**常用气动换向阀的图形符号**

序号	名称	图 形 符 号	说　　明
1	二位三通换向阀		推压控制机构，弹簧复位
2			滚轮杠杆控制，弹簧复位
3			单作用电磁铁操纵，弹簧复位，定位销手动定位
4	二位四通换向阀		单作用电磁铁操纵，弹簧复位
5	二位五通换向阀		推压控制机构，弹簧复位
6			单气控制，弹簧复位
7			双气控制
8	三位四通换向阀		弹簧对中，双作用电磁铁直接操纵，中位各气口全部关闭，系统保持压力

图4—58所示为直动式溢流阀，当气体作用在阀芯3上的力小于弹簧2的力时，溢流阀处于关闭状态；当系统压力升高，作用在阀芯3上的力大于弹簧力时，阀芯向上移动，溢流阀开启溢流，使气压不再升高。当系统压力降至低于调定值时，溢流阀又重新关闭。

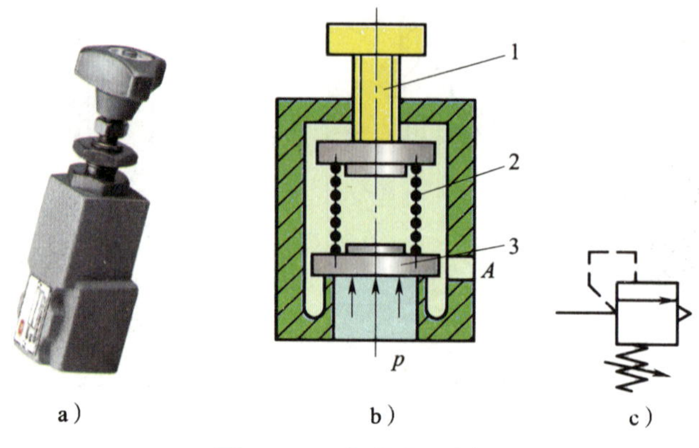

图4—58　直动式溢流阀

a）实物图　b）原理图　c）图形符号

1—调节螺杆　2—弹簧　3—阀芯

（2）调压阀

调压阀也称为减压阀，在气动系统中，往往气源输出的压缩空气的压力比设备实际需要的压力要高些，同时其波动值也较大，给系统带来不稳定性，因此需要用调压阀将其压力减到设备所需要的压力，并使减压后的压力稳定到所需压力值上。

调压阀按压力调节方式分为直动式和先导式，图4—59所示为直动式调压阀，其工作原理如下：

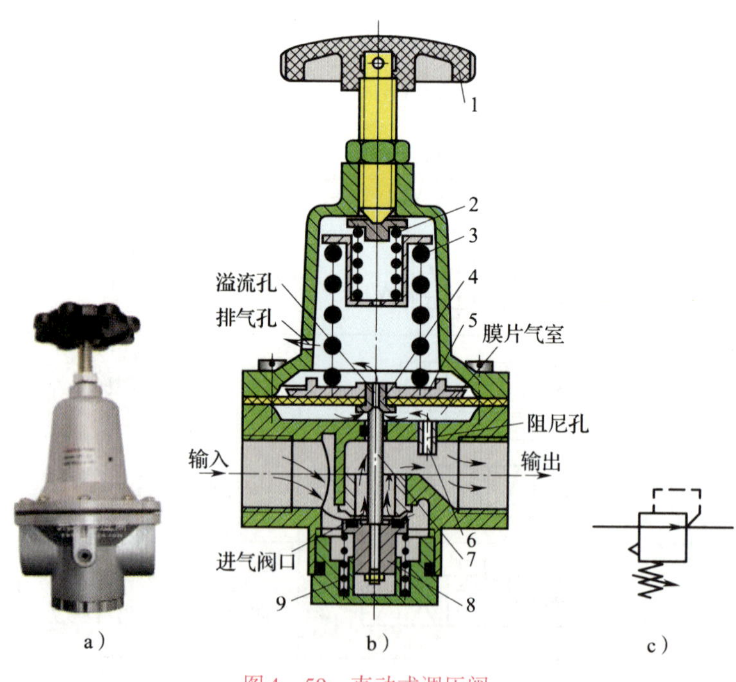

图4—59　直动式调压阀

a）实物图　b）工作原理图　c）图形符号

1—旋钮　2、3—调压弹簧　4—溢流阀座　5—膜片

6—阻尼管　7—阀杆　8—阀芯　9—复位弹簧

1）减压原理。当输入压力平稳时，压缩空气从左端输入，经进气阀口节流减压后从右端输出。输出气流的一部分由阻尼孔进入膜片气室，在膜片5的下方产生一个向上的推力，这个推力使阀芯8上移，把阀口开度减小，使调压阀的输出压力下降。当作用于膜片5上的推力与弹簧力相平衡后，调压阀的输出压力便保持一定。

2）稳压原理。当输入压力发生波动时，如输入压力瞬时升高，输出压力也随之升高，作用于膜片5上的气体推力也随之增大，破坏了原来的力的平衡，使膜片5向上移动（此时有少量气体经溢流口排出）。在膜片5上移的同时，因复位弹簧的作用，阀杆和阀芯上移，使节流口减小，输出压力下降，直到达到新的平衡为止。重新平衡后的输出压力又基本上恢复至原值。反之，输出压力瞬时下降，膜片5下移，进气口开度增大，节流作用减小，输出压力又基本回升至原值。

3）调压原理。旋转旋钮1，通过调压弹簧2、3和膜片5等使阀芯8移动，改变节流口的大小，达到调压的目的。

3. 流量控制阀

（1）节流阀

图4—60所示为圆柱斜切型节流阀，压缩空气由*P*口进入，经节流后，由*A*口流出。旋转阀芯螺杆3，就可以改变节流口的开度，调节压缩空气的流量。这种节流阀结构简单，体积小，应用广泛。

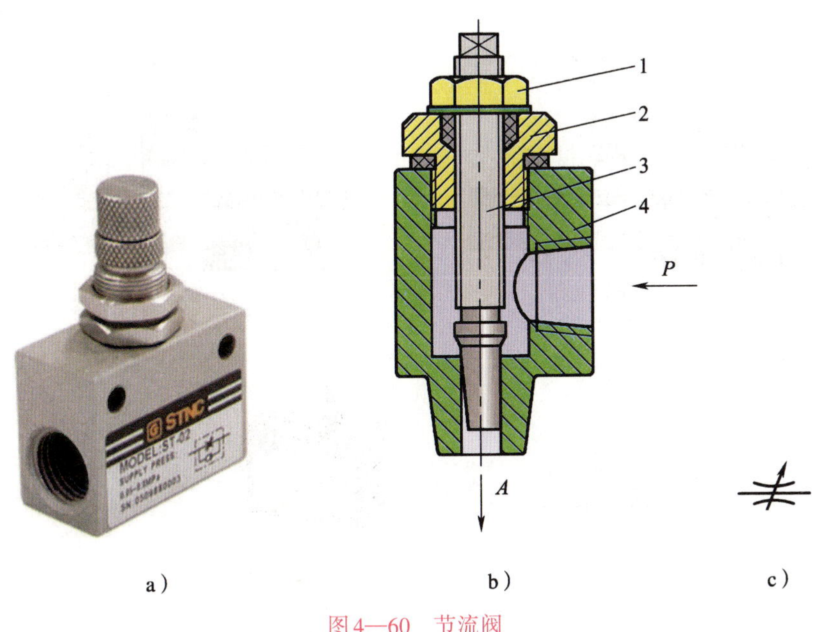

图4—60　节流阀

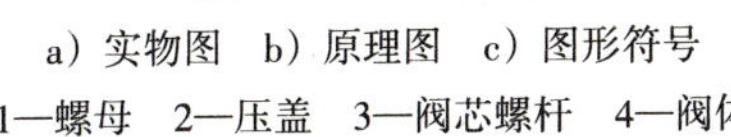

a）实物图　b）原理图　c）图形符号

1—螺母　2—压盖　3—阀芯螺杆　4—阀体

（2）排气节流阀

图4—61所示为排气节流阀，它是在节流阀的基础上增加了消声装置。排气节流阀安装在执行元件的排气口处，调节排入大气中的气体流量。它不仅能调节执行元件的运动速度，还能消声，起到降低排气噪声的作用。

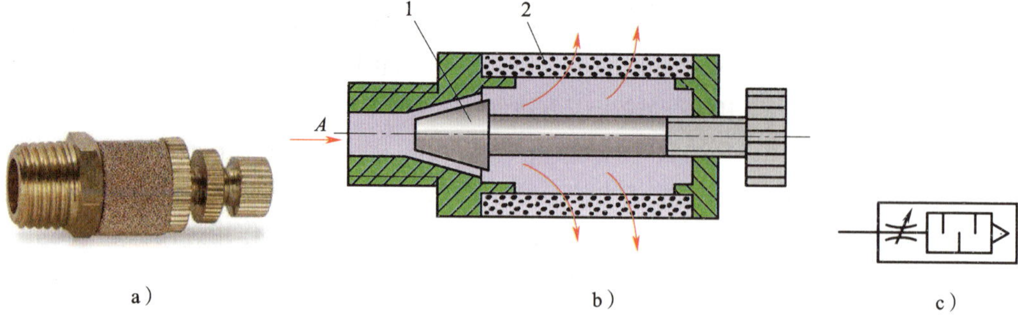

图4—61　排气节流阀

a）实物图　b）原理图　c）图形符号

1—阀芯　2—消声装置

（3）单向节流阀

单向节流阀如图4—62所示，它是由单向阀和节流阀并联组成的组合式流量控制阀，一般安装在主控阀和执行元件之间进行速度控制。图4—62a所示为节流进气，当压缩空气从接口1流向接口2时，单向阀关闭，压缩空气经节流阀流出，节流口的大小可以通过调节手柄进行调节；图4—62b所示为快速排气，当压缩空气从接口2反向流通时，单向阀打开，压缩空气经单向阀快速从接口1排出。

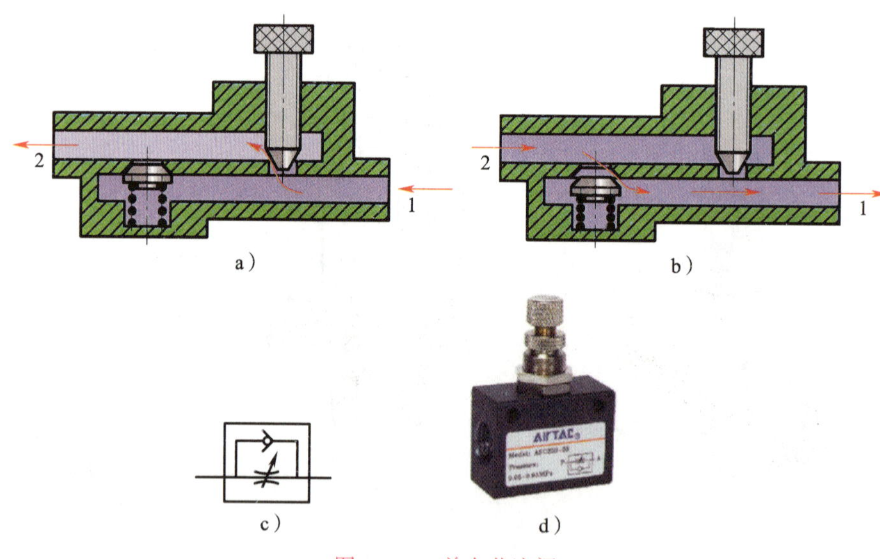

图4—62　单向节流阀

a）节流进气　b）快速排气　c）图形符号　d）实物图

1、2—接口

四、气压传动系统基本回路

1. 方向控制回路

图4—63所示为单往复动作回路，当按下手动换向阀1后，气缸往复运动一次。该回路采用了二位三通手动换向阀1、二位三通行程换向阀3和二位四通双气控换向阀4三个换向

阀。当按下手动换向阀1的手动按钮后，压缩空气使二位四通双气控换向阀4左位工作，压缩空气经换向阀4进入气缸2的左腔，活塞向右行进，活塞杆伸出。当活塞杆上的挡块压下行程换向阀3时，换向阀4右位工作，压缩空气经换向阀4进入气缸2的右腔，活塞杆返回，完成一次工作循环。如果还要气缸运动，则需再次按下手动换向阀1的按钮。

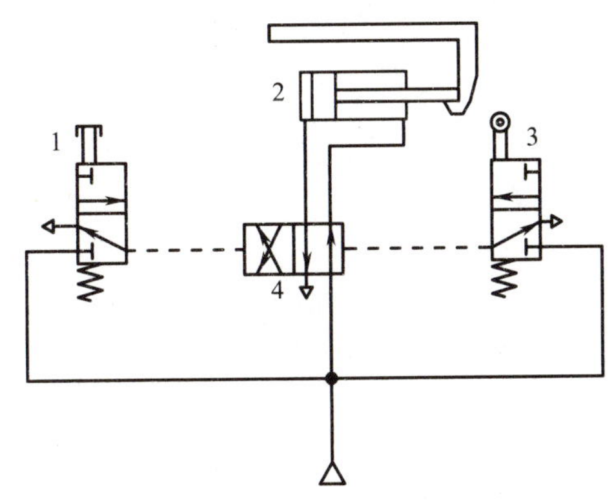

图4—63　单往复动作回路

1—二位三通手动换向阀　2—气缸　3—二位三通行程换向阀　4—二位四通双气控换向阀

2. 压力控制回路

图4—64所示为铣床气动夹具，主要用来夹紧轴类零件和套类零件，在工作过程中，夹紧轴类零件需要较大的夹紧力，而夹紧薄壁类零件则需要较小的夹紧力。为了解决这个问题，需要气路能供给两种压力的气体，这就需要用到高、低压转换回路。

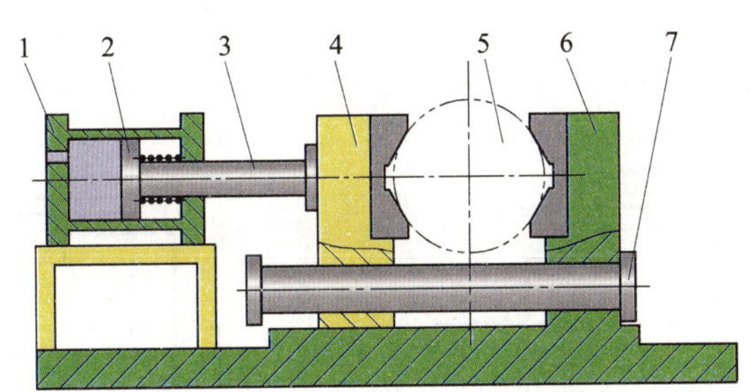

图4—64　铣床气动夹具

1—缸体　2—活塞　3—活塞杆　4—活动钳身　5—工件　6—固定钳身　7—导杆

图4—65所示为高、低压转换回路，它利用两个调压阀3、4得到不同的压力，并通过二位三通手动换向阀9进行压力转换，使输送到气缸中的压力有高、低两种，以适应不同工作需要。

3. 速度控制回路

（1）采用排气节流阀的气动马达速度控制回路

如图4—66所示，在气动马达的出气口安装排气节流阀，即可达到节流调速的目的。这种调速方法的优点是气动马达运转速度受负载变化的影响较小，运转较平稳，在实际应用中大都采用排气节流调速的方式。

（2）采用单向节流阀的速度控制回路

如图4—67所示，采用单向节流阀的气缸速度控制回路有供气节流和排气节流两种。

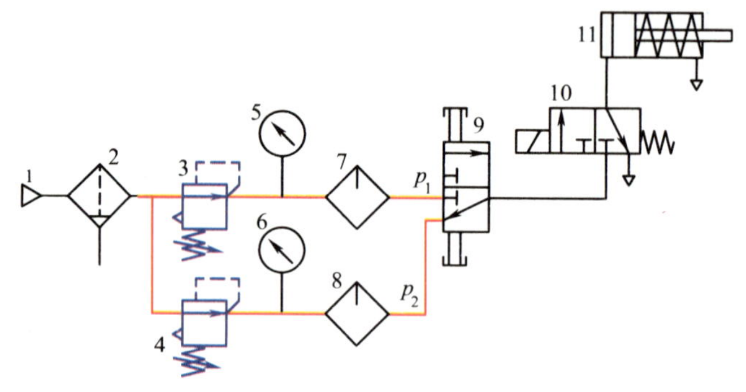

图4—65　高、低压转换回路

1—气源　2—排水过滤器　3、4—调压阀　5、6—压力表　7、8—油雾器

9—二位三通手动换向阀　10—二位三通电磁换向阀　11—单作用弹簧复位气缸

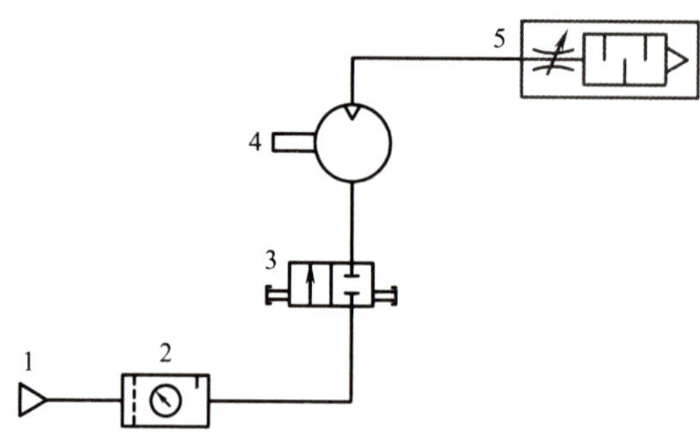

图4—66　排气节流调速

1—气源　2—气动三联件　3—二位二通手动换向阀　4—气动马达　5—排气节流阀

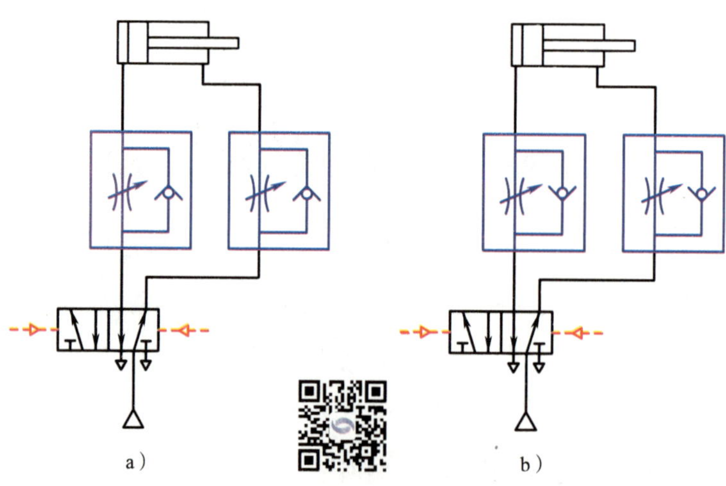

图4—67　节流调速控制回路

a）供气节流　b）排气节流

图4—67a所示为供气节流调速，单向节流阀对气缸进行供气节流，气缸排出的气流则可以通过阀内的单向阀从换向阀的排气口排出。这种控制方法可以防止气缸启动时的“冲出”现象，调速效果也较好，但是当负载变化时，气缸运行不够稳定，一般用于要求启动平

稳、单作用气缸或小容量气缸的气动系统。

图4—67b所示为排气节流调速，它对气缸排气进行节流控制，其气缸供气是畅通无阻的。在这种情况下，气缸活塞的两端都受到气压的作用，大大改善了气缸的进给性能，能获得较好的平稳性，因此在实际中应用广泛。